CNC선반/ 머시닝센터 가공법

V-CNC와 FANUC 콘트롤러를 활용한
기초부터 자동운전까지

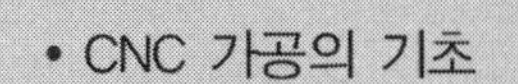

작업현장에서 주어진 도면에 따라
CNC 선반이나 머시닝센터를 이용하여
직접 가공하는데 필요한 최소한의 기능만
따라 하기 형식으로 설명하였다.

- CNC 가공의 기초
- CNC 선반
- 머시닝센터조작 및 가공

이 책의 특징 및 활용법

CNC의 개요나 CNC 선반 및 머시닝센터 등의 CNC공작기계 이론적인 내용은 지금까지 출간된 많은 교재들이 각자의 특성을 살려 자세히 설명되어 있으므로 중복을 피하기 위하여 이 책에서는 이러한 부분에 대해서는 가능한 설명을 생략하고 작업현장에서 주어진 도면에 따라 CNC 선반이나 머시닝센터를 이용하여 직접 가공하는데 필요한 최소한의 기능만 따라 하기 형식으로 설명하여 초보자라도 이 책에 제시한 대로 작업하면 큰 어려움 없이 제품을 완성할 수 있도록 하였다.

초보자가 직접 기계를 조작하려면 충돌 등 위험 요소가 많기 때문에 두려움에 접근을 회피하게 된다. 따라서 컴퓨터에서 기계 조작법을 익힐 수 있는 시뮬레이터를 이용하여 사전에 충분한 조작 연습을 한 다음 실제 기계를 조작하는 방법을 이용한다. 이 책에서는 이러한 시뮬레이터 중 기계계통의 특성화공고 및 한국폴리텍대학 및 공과계통의 전문대학에서 실습용으로 많이 활용되고 있는 시뮬레이터 중 하나인 V-CNC와 산업현장에서 생산에 직접 투입된 CNC 기계에 가장 많이 장착되어 있는 컨트롤러 중 하나인 FANUC 시스템을 활용하여 조작법을 익히고 실제 가공하는데 필요한 기본적인 기능을 익혀 직접 조작할 수 있도록 집필하였다.

이 책의 편집 형태는 CNC 선반 또는 머시닝센터 운전 및 조작법에 해당되는 소제목 아래에 V-CNC를 활용하여 연습할 수 있는 내용을 실었고, 다음에 바로 이어서 FANUC 컨트롤러를 조작하여 작업하는 방법을 자세히 실었다.

원점복귀 작업을 예를 들면

2. 원점복귀

(1) V-CNC를 이용한 원점복귀

①.......

②.......

(2) FANUC 컨트롤러의 원점복귀

①.......

②.......

따라서 실습이 끝난 후에도 숙달이 안되어 어려운 작업, 예컨대 수동운전이나 자동운전 등에서 어려움이 있다면 그 부분만을 참고하여 시뮬레이터로 연습하고 실제 기계에서 조작하는 실습을 통하여 혼자서도 익힐 수 있는데 부족함이 없을 것이다.

차례

C O N T E N T S 차례

Chapter 01

CNC 가공의 기초

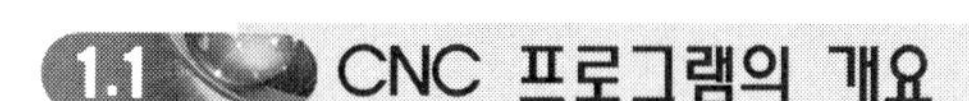

1.1 CNC 프로그램의 개요

1. CNC의 표준 규격

(1) 좌표축과 운동 기호

CNC 공작기계에서 좌표축은 기준 축으로 X, Y, Z축을 사용하고, 보조축으로 U, V, W축을 사용한다. 축을 결정할 때 동력이 전달되는 주축을 Z축, 가공의 중심이 되는 방향을 X축, X 축과 직각을 이루는 방향을 Y축으로 정한다. 그러므로 머시닝센터의 경우 기계의 앞에서 보아 좌우로 움직이는 축을 가공의 중심으로 보아 X축으로 정하고, 전후 방향을 Y축으로 정한다.

CNC 선반에서 공구는 주축 방향인 Z축과, 전후 방향으로 움직이므로 이 방향을 X축으로 정하고 Y축은 필요 없다.

(2) 좌표계

CNC 공작기계에 사용하는 좌표계에는 기계 좌표계, 공작물 좌표계, 구역 좌표계의 3 종류가 있는데 여기서는 기계좌표계와 공작물 좌표계만 간단히 설명한다. 또한 화면상에서 공구가 이동하는 거리나 방향을 표시하는 방법으로는 기계좌표, 절대좌표, 상대좌표, 잔여좌표의 4종류가 있다. 이렇게 화면상에 표시하는 방법과 좌표계와는 개념이 다르다. 즉, 공작물 좌표계에서 좌표를 표시하는 방법으로는 절대좌표로 표시할 수도, 상대좌표로 표시할 수도 있다는 것이다.

가) 기계좌표계(Machine coordinate system)

기계를 제작할 때 일정한 위치에 기준점을 정한다. 이 점을 기계원점이라고 하며 이 기계 원점을 기준으로 하는 좌표계를 기계좌표계라고 한다.

원점 복귀는 나중에 설명하겠지만, 원점복귀 기능을 실행하면 공구는 이렇게 설정된 기계 원점으로 돌아가며 이때 공구의 위치를 기계 좌표로 표시하면 X, Y, Z의 값이 각각 0, 0, 0이 된다.

나) 공작물 좌표계(Work coordinate system)

프로그램을 작성할 때는 도면상의 어떤 한 점을 기준으로 정하여 프로그램을 작성한다. 이렇게 작성된 프로그램의 기준점과 가공될 공작물의 기준점을 일치시켜야 편리하게 공작물을 가공할 수 있다. 이렇게 기준점을 일치시킨 좌표계를 공작물 좌표계라고 한다.

2. 프로그램 원점

프로그램을 하기 위하여 도면상에 임의의 점을 정하여 이 점을 기준으로 공구가 도면을 따라 움직인다고 가정하여 프로그래밍 한다. 대부분 프로그램 원점과 공작물 좌표계의 원점은 같은 점이 된다.

3. 좌표값의 지령 방법

공구의 이동은 좌표값으로 지령하는데, 그 방법으로는 절대 지령 방식과 증분지령 방식이 있으며 이들 두 가지를 혼합하여 지령하는 방식이 있다.

(1) 절대지령방식

좌표계 원점(프로그램 원점)에서부터의 거리 즉, 원점을 기준으로 직교 좌표계의 좌표값을 입력하는 방식이다.

(2) 증분(상대)지령방식

현재의 공구 위치에서 다음 위치까지의 거리를 지령하는 방식으로 증분지령 또는 상대지령이라고 한다.

(3) 혼합지령방식

위의 절대 방식과 증분 방식을 혼합하여 사용하는 방법으로 예를 들면 CNC 선반에서는 X, Z는 절대값으로 이와 대응하는 U, W는 증분값으로 지령한다.

1.2 CNC 프로그램의 구성

1. CNC 프로그램의 정의

CNC 프로그래밍이란 주어진 도면의 제품을 가공하기 위해 가공 공정을 CNC 공작기계의 콘트롤러에 입력시키는 과정이다. 실제 가공될 때는 공작물이 고정되어 있고 공구가 이동하면서 가공되거나 또는 공구는 고정되어 있고 공작물이 이동하면서 가공되는 경우가 있으나 CNC 프로그램을 작성할 때는 항상 공작물은 고정되어 있고 공구가 움직이는 것으로 프로그래밍을 한다.

2. CNC 프로그램의 구성

프로그램은 블록(Block 지령절)의 조합으로 이루어지는데 CNC 공작기계는 이 블록 단위로 실행되며 블록은 주소와 데이터(수치)의 조합으로 이루어진 워드(단어)로 구성된다.

(1) 주소(address)

주소는 영문 대문자로 표시하며 기본적으로 사용하는 각각의 기능은 다음과 같다.

기능	주소	의미
프로그램 번호	O	프로그램 번호
전개번호	N	실행 순서(블록 순서)
준비기능	G	공구의 이동 형태(직선, 원호 등)
좌표어	X,Y,Z,	각 축의 이동 (절대좌표)
	U,V,W	각 축의 이동 (상대좌표)
	I,J,K	원호 중심의 위치, 모따기 량
	R	원호의 반지름, 코너 R
이송기능	F	이송속도 지정
주축기능	S	주축 회전수 지정
공구기능	T	공구 번호 지정
보조기능	M	보조 장치(절삭유 등) 제어
정지	P,U,X	정지 시간(휴지) 지정
보조프로그램 호출	P	호출할 보조 프로그램 번호 등

이들 주소의 주요 기능을 요약하면 다음과 같다.

가) 프로그램번호(O)

여러 개의 프로그램을 메모리에 저장할 때 각각의 프로그램을 구별하기 위하여 저장할 프로그램에 서로 다른 번호를 붙인다. 영문자 "O" 다음에 4자리 수자를 임의로 지정한다. 최근에는 8자리까지 확장된 시스템도 있다.

나) 전개번호(N)

블록의 순서를 지정하는 기능이며 4자리 이내의 숫자로 지정하는데 지정하지 않으면 작성된 프로그램 순서대로 진행하므로 보통의 경우는 생략해도 무방하다. 그러나 복합 반복 사이클을 사용할 경우 전개 번호로 특정 블록을 탐색해야 할 때는 반드시 사용해야 한다.

다) 준비기능(G)

기계를 동작시키기 위한 준비를 하는 기능으로 영문자 "G" 다음에 2자리 숫자로 구성되어 있다. 2자리 숫자 중 앞에 오는 0은 생략하고 1자리 숫자만 지정해도 동작에는 영향을 미치지 않는다. (예 "G01"과 "G1"은 같다)

CNC 선반용 G 코드

코드	그룹	기능	코드	그룹	기능
G00	01	위치결정(급속이송)	G50	00	가공물 좌표계 설정
G01		직선보간(절삭이송)	G52		지역 좌표계 설정
G02		원호보간 CW	G53		기계 좌표계 선택
G03		원호보간 CCW	G70		다듬 절삭 사이클
G04	00	드웰(dwell)	G71		내 · 외경 황삭 사이클
G09		Exact stop	G72		단면 황삭 사이클
G20	06	인치 입력	G73		형상 반복 사이클
G21		메트릭 입력	G74		Z 방향 팩 드릴링
G22	04	Stored stroke limit ON	G75		X 방향 홈 파기
G23		Stored stroke limit OFF	G76		나사 절삭 사이클
G27	00	원점 복귀 check	G90	01	절삭 사이클 A
G28		자동 원점에 복귀	G92		나사 절삭 사이클
G29		원점으로부터의 복귀	G94		절삭 사이클 B
G30		제2기준점으로 복귀	G96	02	절삭속도 일정 제어
G32	01	나사 절삭	G97		절삭속도 일정 제어 취소
G40	07	공구인선반지름 보정 취소	G98	05	분당 이송 지정(m/min)
G41		공구인선반지름 보정 좌측	G99		회전당 이송 지정(mm/rev)
G42		공구인선반지름 보정 우측			

머시닝센터와 CNC 선반 등 모든 CNC 기계에서 사용하는 G 코드는 거의 비슷하나 기종에 따라 약간 다른 것도 있다. G코드의 종류와 기능 및 지령 방법은 KSB 4206에 규정되어 있다.

머시닝센터용 G 코드

코드	그룹	기능	코드	그룹	기능
G00	01	위치결정(급속이송)	G54	12	공작물 좌표계 1번 선택
G01		직선보간(절삭이송)	G55		공작물 좌표계 2번 선택
G02		원호보간 CW	G56		공작물 좌표계 3번 선택
G03		원호보간 CCW	G57		공작물 좌표계 4번 선택
G04	00	드웰(Dwell)	G58		공작물 좌표계 5번 선택
G09		Exact stop	G59		공작물 좌표계 6번 선택
G10		공구원점 오프셋량 설정	G60	00	한 방향 위치 결정
G17	02	XY 평면지점	G61	13	Exact stop check mode
G18		ZX 평면지점	G64		연속절삭 mode
G19		YZ 평면지점	G65	00	User macro 단순호출
G20	06	인치 입력	G66	14	User macro modal 호출
G21		메트릭 입력	G67		User macro modal 호출 무시
G22	04	Stored stroke limit ON	G73	09	Peck drilling cycle
G23		Stored stroke limit OFF	G74		역 tapping cycle
G27	00	원점 복귀 check	G76		정밀 보링 사이클
G28		자동 원점에 복귀	G80		고정 사이클 취소
G29		원점으로부터의 복귀	G81		Drilling cycle, spot boring
G30		제2,제3,제4원점에 복귀	G82		Counter boring
G31		Skip 기능	G83		Peck drilling cycle
G33	01	헬리컬 절삭	G84		Tapping cycle
G40	07	공구지름 보정 취소	G85		Boring cycle
G41		공구지름 보정 좌측	G86		Boring cycle
G42		공구지름 보정 우측	G87		Back boring cycle
G43	08	공구길이 보정 + 방향	G88	09	Boring cycle
G44	08	공구길이 보정 - 방향	G89		Reaming cycle
G49		공구길이 보정 취소	G90	03	절대값 지령
G45	00	공구위치 오프셋 신장	G91		증분값 지령
G46		공구위치 오프셋 축소	G92	00	좌표계 설정
G47		공구위치 오프셋 2배 신장	G94	05	분당 이송
G48		공구위치 오프셋 2배 축소	G95		회전당 이송
			G98	10	초기점에 복귀(고정 cycle)
			G99		R점에 복귀(고정cycle)

라) 주축기능(S)

주축의 회전 속도를 지령하는 기능으로 절삭속도를 일정하게 제어하는 G96 명령과 절삭 속도에 관계없이 주축의 회전속도를 일정하게 제어하는 G97 명령이 있다. 일반적으로 CNC 선반에서는 주로 G96을 사용하고 머시닝센터에서는 작업자가 절삭속도에 따른 주축 회전수를 계산하여 G97로 사용한다.

마) 이송기능(F)

공구의 이송 속도를 지령하는 명령어인데 분당 이송 또는 회전당 이송 지령과 함께 사용해야 한다. 분당 이송기능과 회전당 이송 기능은 CNC 선반과 머시닝센터에서 다르게 사용하며 다음 코드와 같다.

기능	CNC 선반	머시닝센터
분당 이송(mm/min)	G98	☆G94
회전당 이송(mm/rev)	☆G99	G95

(☆ 표시는 전원 공급 시 자동으로 설정)

바) 공구기능(T)

공구를 선택하는 기능으로 "T" 다음에 4자리 숫자를 사용한다. 네 자리 숫자를 사용할 때는 앞의 두 자리 숫자는 공구 번호를 지정하며 뒤의 두 자리 숫자는 그 공구 보정 값을 저장해 놓은 보정 번호를 지정한다. 공구 기능의 사용법은 CNC 선반과 머시닝센터가 약간 다르다. CNC 선반의 경우는 "T0101"과 같이 반드시 네 자리 숫자를 사용해야 하는데(여기서 공구 번호에 해당되는 01에서 0을 생략하고 101 처럼 사용해도 된다.) 머시닝센터의 경우는 "T01 M06"처럼 반드시 M06을 함께 사용해야 하고, 공구 보정

값은 다음 블록에서 필요한대로 “D01” 또는 “H01”과 같이 필요한 보정 번호를 적절히 추가하여 사용한다. 이 부분은 실습 시에 자세히 익히기로 하고 개념만 알고 넘어간다.

사) 보조기능(M)

절삭유 또는 스핀들 모터의 정역회전 등과 같이 기계의 각종 기능을 수행하는데 필요한 보조 장치를 작동시키는 기능이며 통상적으로는 한 블록에 하나만 사용할 수 있다. 기계에 따라 파라메타를 설정하면 여러 개의 M 코드를 사용할 수 있도록 기능이 개선되었지만 기계 동작상 제약으로 동시에는 지령할 수 없는 M 코드도 있다. 이에 대한 상세한 내용은 기계 제작사의 설명서를 참조해야한다. 일반적으로 사용되는 보조 코드는 다음과 같다.

코드	기능 내용	비고
M00	Program Stop	
M01	Optional Program Stop	
M02	Program End(Reset)	
M03	주축 정회전(CW)	
M04	주축 역회전(CCW)	
M05	주축 정지	
M06	공구 교환	
M08	절삭유 ON	
M09	절삭유 OFF	
M16	Tool Into Magazine	
M28	Magazine 원점복귀	
M30	Program End(Reset) & Rewind	
M48	Spindle Override Cancel OFF	
M49	Spindle Override Cancel ON	
M98	Sub-Program 호출	
M99	End of Sub-Program	

(2) 수치(data)

수치(데이터)는 주소 다음에 붙이는 숫자로 주소의 기능을 결정하며 숫자는 2자리 또는 4자리 숫자를 사용한다. 좌표값을 나타낼 때는 파라메터에서 정한 인치 또는 미터계 입력 방식과 최소 지령 단위에 따라 달라진다. 우리가 일반적으로 사용하는 좌표값은 좌표어 다음에 0.001mm까지 입력이 가능하다.

(3) 단어(Word)와 지령절(Block)

단어는 NC 프로그램의 기본 단위이며 주소와 데이터로 구성되고 몇 개의 단어가 모여 구성된 것을 블록(지령절)이라고 한다. 한 블록에 사용되는 단어의 수에는 제한이 없다.

Chapter 02

CNC 선반

2.1 CNC 선반의 개요

1. CNC 선반의 구조

(1) 주축대

가공물을 고정하고 회전시켜주는 역할을 한다. 주축대에 부착되어있는 척은 대부분 유압척으로서 특수 용도로 제작된 척과, 일반적으로 사용하는 연동척이 있으며 연동척에는 소프트죠(Soft Jaw)와 하드죠(Hard Jaw)가 있다. 보통은 연질의 소프트죠를 공작물 지름에 맞도록 적절히 가공하여 사용한다.

(2) 공구대

일반적으로 드럼(Drum)형 터릿(Turret) 공구대를 많이 사용하며 작업공정에 필요한 여러 개의 공구를 장착하여 해당되는 가공에 필요한 공구를 선택하여 작업한다. 공구를 교환할 때는 근접회전 방식으로 교환시간을 단축할 수 있도록 시스템에서 제어한다. 수평형 공구대는 테이블 위에 나열식으로 공구를 설치하여 고정시킨 방식으로 공구 선택 시간을 줄일 수 있어 공정수가 적은 소형 제품의 대량생산에 적합하므로 소형 CNC 선반에 많이 적용한다. 공작물과 공구의 간섭 때문에 공구를 많이 설치할 수 없고 X축의 이동량이 많아 X축의 정밀도 저하가 발생할 수 있다.

(3) 심압대

긴 공작물을 가공할 때 떨림이나 휨을 방지하기 위하여 공작물을 지지하는데 사용된다. 유압 작동식은 M코드를 이용하여 제어한다.

(4) 조작 판넬

기계를 움직이는데 필요한 각종 스위치, 핸들, 레버 등이 부착되어 있고 프로그램들을 입력, 수정 등을 할 수 있는 여러 개의 키로 구성되어 있어 기계를 조작하는 역할을 수행하는 판넬이다. 같은 컨트롤러를 사용하는 공작기계라도 제작 회사에 따라 스위치의 종류와 모양, 위치 등이 다르게 되어 있는 경우가 많다. 그러나 기본 기능은 거의 같으므로 기종이 다른 조작 판넬이라도 조작 방법은 동일하거나 거의 비슷하다.

2. CNC 선반의 절삭조건

(1) 절삭속도

절삭 속도란 가공물과 절삭공구 사이에 발생하는 상대 속도를 말하며 1분 동안 공구가 절삭한 길이를 m으로 표시한다. 절삭속도는 가공물의 재질, 공구의 재질, 작업 형태 등에 따라 가장 적합한 절삭 속도를 선정하여 작업해야 작업능률이나 정밀도가 좋아지는데, 이러한 적절한 작업속도는 대개 공구 제작회사에서 실험과 연구를 통하여 구한 값을 제공하므로 이를 이용하면 된다.

회전체를 가공할 때의 절삭속도(V)는 다음과 같다.

$$V = \frac{\pi DN}{1,000}[\mathrm{m/min}]$$

여기서, $D=$ 가공물의 지름 [mm]

$N=$ 회전수 [rpm]

따라서 제공된 최적 절삭속도를 알고 있을 때, 주축의 회전수 N을 구하려면 다음과 같이 식에 의해 회전수를 구할 수 있다.

$$N = \frac{1,000\,V}{\pi D}[\mathrm{rpm}]$$

이렇게 구해진 회전수 N을 프로그램 상에 분당 회전수(G97)로 입력하거나 절삭속도(G96) 숫자 그대로 입력한다.

(2) 절삭깊이

공구로 가공물을 절삭할 때의 깊이를 말하며 절삭할 면에 대해 수직으로 측정한 값이며 단위는 mm를 사용한다. 원통형일 때는 공작물의 지름이 작아지는 양은 절삭 깊이의 2배가 된다.

(3) 이송속도

공작물이 1회전할 때 공구가 길이방향으로 이동되는 거리를 말하며 단위는 회전당 이송거리[mm/rev]로 나타낸다. 공작물의 표면 거칠기는 공구의 날끝 모양이 같은 경우라면 이송이 적을수록 좋아진다.

3. CNC 선반 공구

(1) 절삭공구의 선정

CNC 선반을 효율적으로 이용하려면 최적의 프로그래밍, 적합한 공구선정, 최적의 절삭조건의 선택이 중요하다. 따라서 공구의 특성 및 용도에 대해 잘 이해하여 적절한 공구의 선택이 매우 중요하다. CNC 선반용 공구는 규격화되어 생산되므로 공구 관리가 비교적 용이한 편이다. 공구를 선정할 때는 공작물 재질과 가공 부위의 형상에 따른 적절한 공구 홀더 선정과 이에 따른 공구의 선정이 필요하다.

절삭공구 재료를 선정하기 위하여 피삭재의 재질, 가공형상, 절삭 조건을 먼저 고려해야 하며 인서트의 형상, 공작기계의 상태 등도 고려되어야 한다. 최근에 많이 사용되는 공구 재료에는 초경합금, 코티드 초경합금, 서멧, 세라믹, CBN, 다이아몬드 등이 있다.

(2) 공구홀더의 선정

공구홀더를 선정할 때는 절삭력에 충분히 견딜 수 있도록 크기와 형상을 고려하여 선정한다. 공구홀더 역시 제작회사에서 규격품으로 생산 판매되므로 가공 부위의 형상 등을 고려하여 적합한 것을 선택한다.

(3) 인서트팁의 선정

인서트팁 역시 제작회사에서 제공하는 규격을 참고로 공구홀더에 장착할 수 있는 규격을 선정해야 한다. 가공물의 재료와 절삭 조건에 적합한 인서트의 재질과 형상을 선택하되 형상을 선정할 때는 공구홀더까지 고려하여야 한다.

2.2 CNC 선반 운전 및 조작

1. V-CNC 활용법

CNC 선반을 직접 조작하기 전에 실제 기계 조작법과 상당히 유사하게 작동시킬 수 있는 시뮬레이터 중 하나인 V-CNC 프로그램을 이용하여 기본적인 조작 방법을 익히기로 한다. 자세한 V-CNC의 사용법에 대해서는 소프트웨어 회사에서 제공하는 매뉴얼을 참고하기로 하고 여기서는 필요한 동작 내용만 간단히 설명한다.

(1) 실행

① 바탕화면에 있는 실행 아이콘 클릭 V-CNC

② V-CNC 동영상 실행, 동영상을 건너뛰려면 ESC 키를 누른다.

③ Machining Center(머시닝센터), CNC-Lathe(CNC선반) 중에서 사용할 기계를 선택한다.

④ 해상도가 맞지 않으면 경고 창이 뜬다. 그러나 해상도에 관계없이 계속 진행할 수 있으므로 "아니오(N)"를 선택한다.

⑤ 실행 화면이 나타나면 컨트롤러를 설정한다. 메뉴의 "설정" ⇒ "기계설정" ⇒ 콘트롤러 선택 화면에서 "FANUC 0T" 선택 ⇒ "확인"

(2) 화면구성

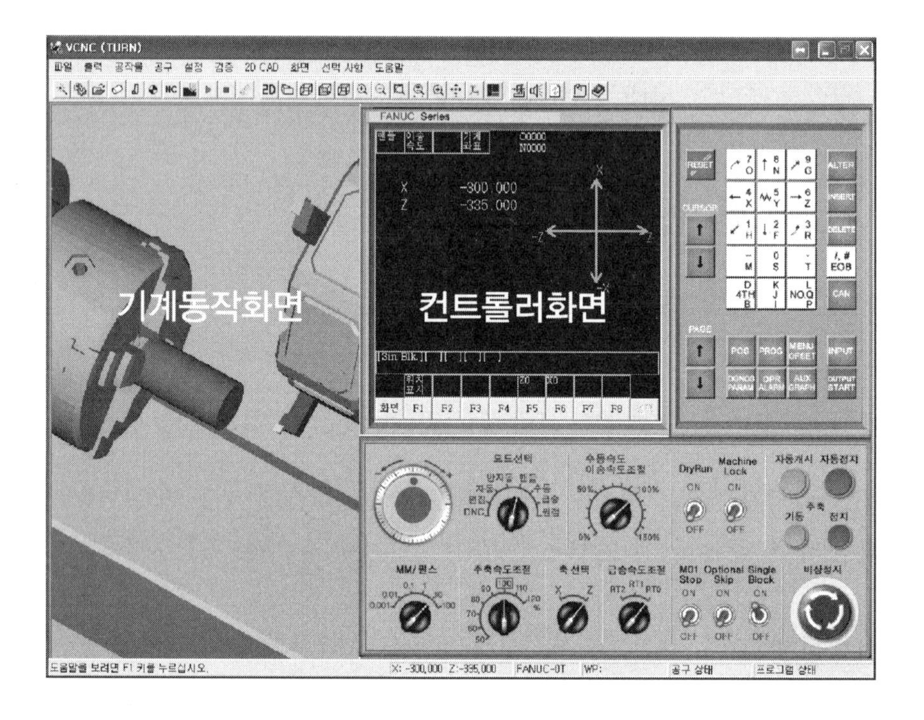

주 화면은 반으로 나뉘어 왼쪽은 기계화면, 오른쪽은 콘트롤러 화면이 나타난다. 오른쪽은 CNC 선반과 같은 모습의 컨트롤러 조작판넬을 표시해 주며 이 조작판넬을 조작하면 왼쪽 화면의 기계가 실제로 움직이는 것과 같은 방식으로 동작한다.

V-CNC 기계동작 화면을 클릭한 다음 휠 버튼을 굴리면 화면이 확대 축소되고, 휠 버튼을 누른 상태에서 굴리지 말고 그대로 드래그하면 기계 화면이 회전한다. 화면에 기계는 보이지 않고 공작물과 공구만 보이게 하려면 마우스 오른쪽을 클릭하면 메뉴가 나타난다. 메뉴 중에 "기계보이기"를 선택 또는 선택 취소하면 된다.

2. 원점복귀

CNC 공작기계는 각 축마다 고유의 원점을 가지고 있고, 이 원점을 기준으로 공구교환 위치나 프로그램에서 지시하는 각종 수치를 결정하는 기준이 된다. 따라서 기계의 전원을 공급하거나 비상정지 스위치를 눌렀을 때는 반드시 원점 복귀를 실시해야한다. 물론 최근의 기계들은 원점 복귀를 하지 않아도 정상대로 작동하도록 되어있는 경우가 많지만 확실한 동작을 위해 반드시 원점 복귀를 하는 것이 좋다.

(1) V-CNC를 이용한 원점복귀

① 조작 판넬의 모드선택을 **원점**으로 설정한다.

② 자동개시 버튼을 누른다.

③ 화면에 표시된 X, Z 축 좌표값이 X 0.000, Z 0.000으로 표시되고 축 모양의 그래프에 원점 마크(⯐)가 나타난다.

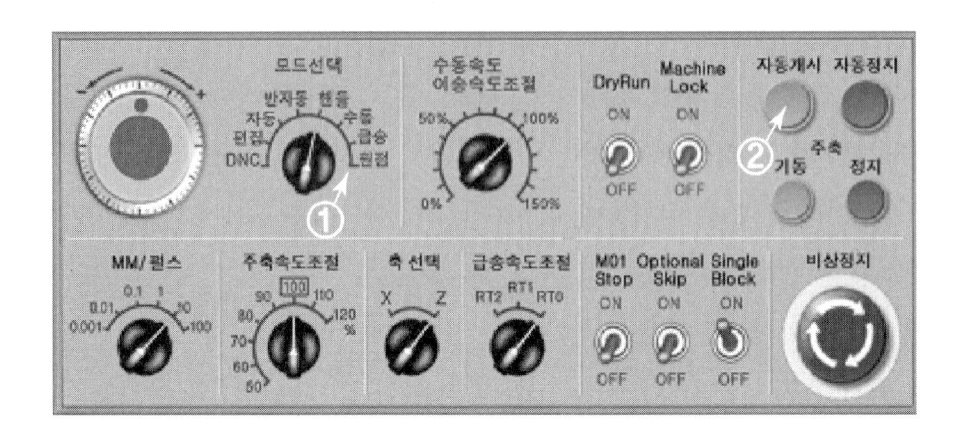

(2) FANUC 컨트롤러의 전원 공급 및 원점복귀

① 기계 뒤쪽에 위치한 강전반의 전원 스위치를 ON으로 돌린다.

② 조작 판넬의 POWER ON 버튼을 누른다.

③ 비상정지 스위치를 해제한다(스위치를 오른쪽으로 살짝 돌리면 톡하고 스위치가 튀어 올라온다).

④ 준비 (STANDBY) 키를 누르면 유압 모터가 작동하는 소리가 들린다.

⑤ 모니터 화면 아랫부분에 깜빡이는 "--EMG--" 메시지가 사라질 때까지 잠시 기다린다.

⑥ 원점 복귀 버튼 (ZERO RETURN) 을 누른다. 모니터 화면의 아랫부분에 표시된 (전부) 버튼을 누르면 상대좌표, 절대좌표, 기계좌표의 값이 각각 나타난다. 기계좌표 값의 X, Z 좌표값이 0.000으로 바뀌면 원점 복귀가 완료된 것이다.

⑦ 완료되면 판넬의  버튼에 불이 켜진다.

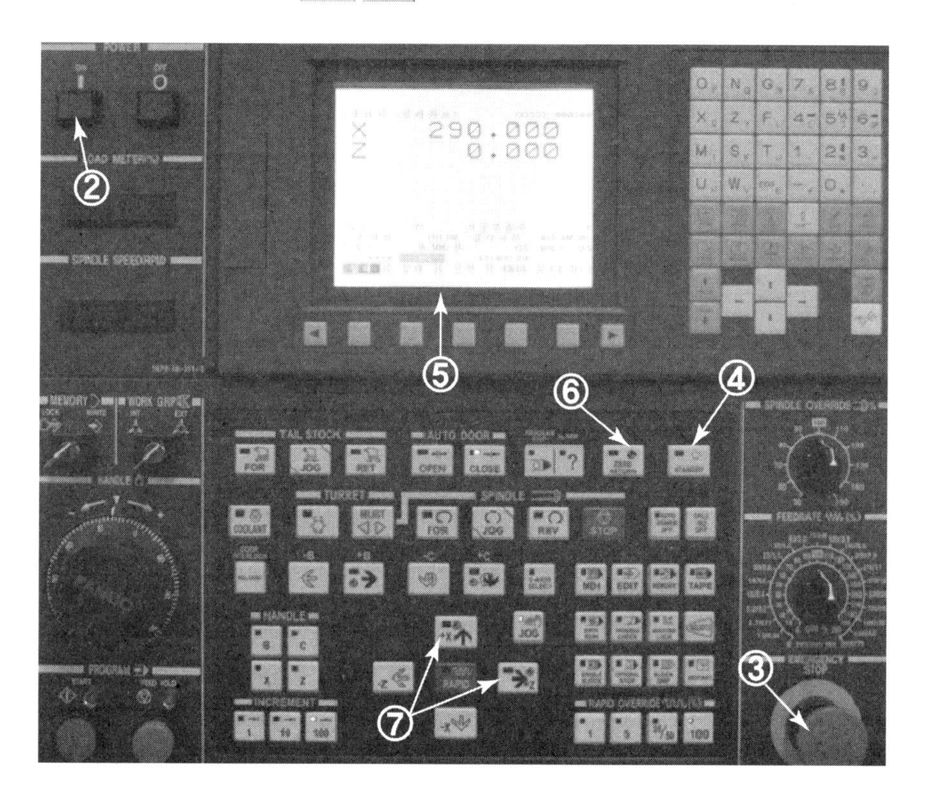

3. 핸들운전(수동운전)

(1) V-CNC를 **이용한 핸들운전**

① 조작 판넬의 모드선택을 **핸들**로 설정한다.

② 축 선택을 Z로 설정한다.

③ **MM/펄스**를 선택한다(숫자는 핸들의 1눈금 당 이동하는 거리를 나타내는 것이며 0.001~100 까지 선택할 수 있다).

④ 핸들의 가운데 원 부분을 좌클릭하면 (−)로, 우클릭하면 (+)로 움직인다. (−)쪽으로 움직여본다. (+)로 눌렀을 때 "이동구역을 벗어났다"는 에러 메시지가 뜨는 경우 "비상정지 해제"를 누르면 된다.

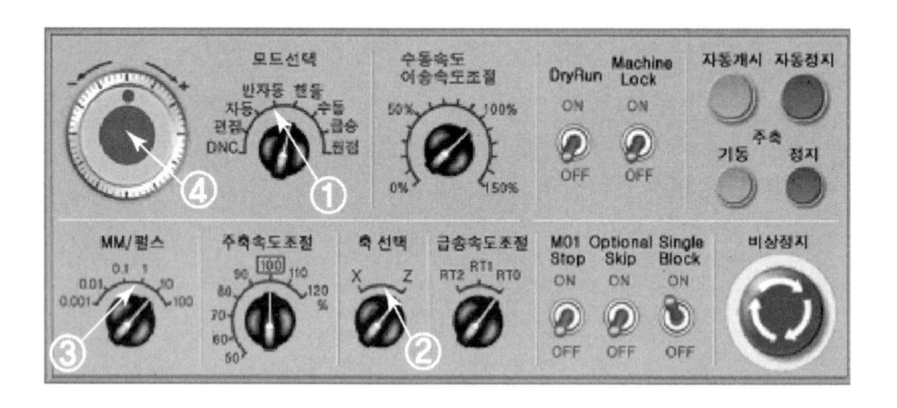

이상과 같이 조작 연습을 마쳤으면 MM/펄스의 값을 다른 것으로 선택해 보면서 핸들을 돌려 기계 화면에 바이트가 나타나도록 하고, 축 선택을 X, Z 중 필요한 축으로 바꾸고 MM/펄스 값도 적당히 바꾸어가면서 공작물의 끝과 바이트의 끝이 그림과 같이 아주 가까이 일치하도록 움직여 본다.

조작 판넬의 **주축 기동** 버튼을 누르면 주축이 회전한다. 이 상태에서 축 선택을 X, Z로 적절히 바꾸어 가면서 핸들로 천천히 이송시켜본다. 공작물이 절삭되는 것을 볼 수 있다.

(2) FANUC 컨트롤러의 핸들 운전

① HANDLE에서는 Z 축을 선택하고, 이동 거리의 배율은 INCREMENT에서 숫자를 선택한다.

※ X축을 먼저 선택하면 공구대의 움직임이 잘 안보이므로 Z를 먼저 선택하고, 숫자 1을 선택하면 핸들 한 눈금에 0.001mm씩, 100으로 선택하면 0.1mm씩 이동한다.

② 핸들을 (–) 방향으로 돌려 공구대의 움직임을 보면서 천천히 돌려본다. 처음에는 기계가 원점에 있으므로 이때 (+)로 돌리면 알람이 발생하므로 주의한다.

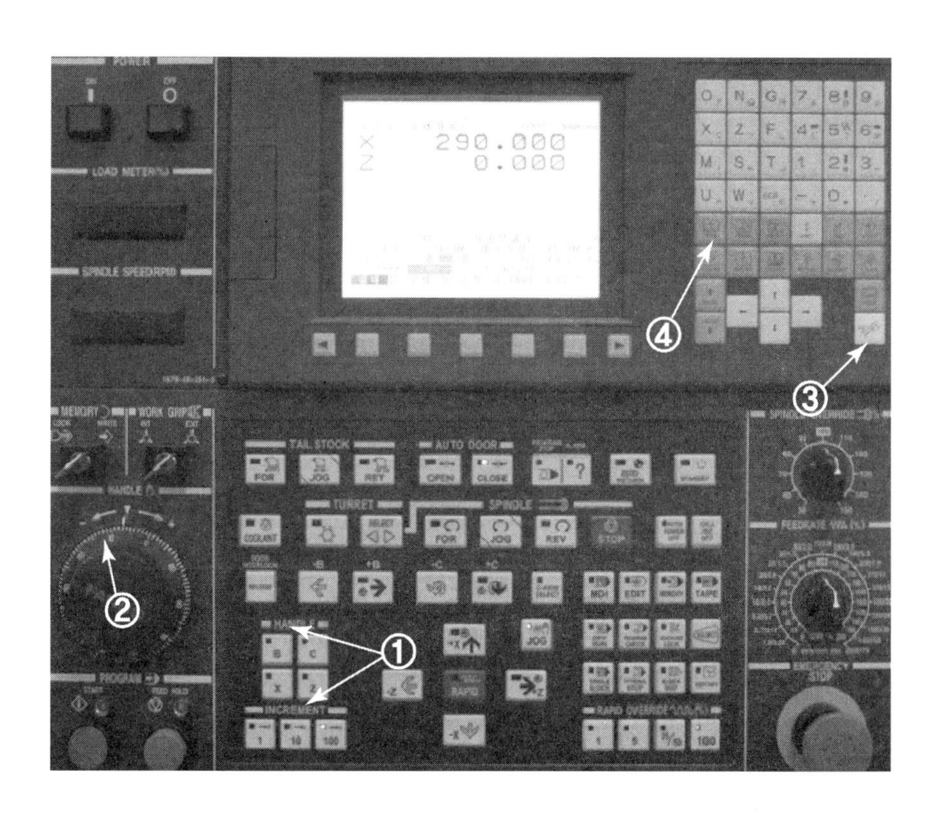

③ 알람이 발생하면 키보드 판넬의 아래에 있는 RESET (RESET) 버튼을 눌러 알람을 해제한 후 핸들로 축을 (-)방향으로 돌린다.

④ 알람 발생 후 다시 움직일 때 현재의 위치 좌표가 나타나지 않으면 키보드 판넬에서 POS (POS) 버튼을 누르면 다시 나타난다. 기계좌표값이 나타나지 않으면 화면 아래의 (전부)를 누른다.

4. 반자동(MDI)운전

이제 기계를 조작하고 수동으로 간단한 외경 절삭을 할 수 있게 되었으니 이번에는 반자동으로 공작물을 절삭하는 과정을 연습해 본다.

(1) V-CNC를 이용한 반자동운전

① 모드선택을 **핸들**로 설정하고 앞에서 연습한 것처럼 공작물과 공구의 끝이 가능한 가깝게 일치하도록 조작한다.

② 이때의 X, Z 좌표값을 메모한다(예 X -244.000 Z -383.000).

③ 모드선택을 **반자동**으로 설정한다.

④ 주축 기동 버튼을 눌러 주축을 회전시킨다.

⑤ 화면상 기계의 움직임이 너무 빠르므로 수동속도 이송속도조절 버튼 수동속도 이송속도조절 을 최대한 낮게 설정한다(약 10%).

⑥ 검은 바탕의 프로그램 입력 창에 다음과 같이 입력한다. 여기서 F는 이송을 나타내며 0.5mm/rev을 뜻한다.

G01 X-250. F0.5

⑦ 자동개시 버튼을 누른다.

⑧ 이번에는 Z 축으로 절삭하기 위해 입력창에 다음과 같이 입력하고 자동개시 버튼을 누른다.

G01 Z-423.

(2) FANUC 컨트롤러의 반자동(MDI) 운전

반자동 연습을 위해 앞에서 익힌 원점 복귀와 핸들 운전에 대해 완전히 익히고 숙달을 해야 한다. 급속이송(G00)등을 연습할 때 기계 충돌의 위험을 방지하기 위해 RAPID OVERRIDE (%) **(급속이송 속도 조절)** 버튼을 1로 설정한다. 핸들 운전을 이용하여 공구가 주축의 공작물에서 충분이 멀리 떨어진 위치로 이동한다.

① MDI (MDI) 버튼을 누른다.

② 키보드 판넬의 PROG (PROG) 버튼을 누른다.

③ 모니터 화면에서 MDI 를 선택하고 다음과 같이 입력한다.

G97 S500 M03 EOB E (EOB) INSERT (INSERT)

④ START (START) 버튼을 누른다.

⑤ 앞의 ①~④항의 내용을 반복 연습한다.

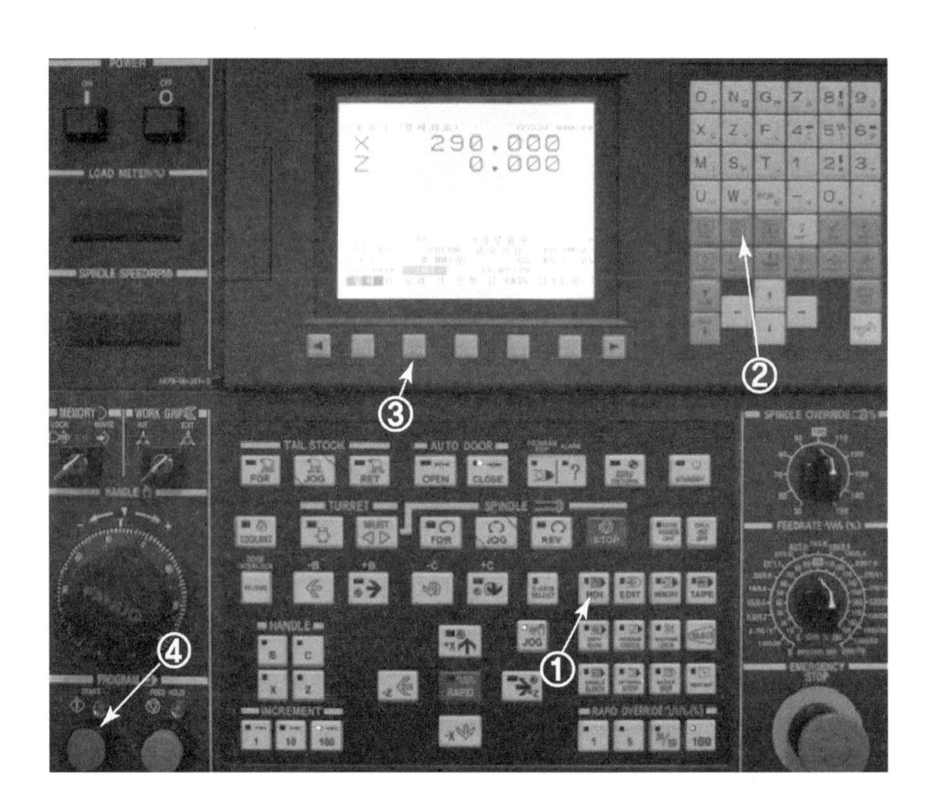

MDI 연습 예제

01. 주축 회전 ; G97 S1500 M03 ; 정지 ; M05 ;

주축 속도를 분당 1500회전(S1500)으로 정회전(M03) 시킨다.

02. 공구 선택 ; T0505 ; (다른 번호 선택하려면 0303처럼 입력)

공구번호 5번 호출하고 보정번호 5번 테이블의 값을 적용한다.

03. 외경 절삭 ; G01 W-50. F0.2 ;

Z축 증분값(W)으로 -50만큼 직선절삭(G01)한다. 이송 속도는 회전당 0.2mm. (F0.2)

5. 공구교환 및 보정

우리가 NC 프로그램을 작성할 때에는 가공할 공구의 길이와 형상을 미리 생각해서 작성하지는 않는다. 그러나 실제 가공할 때에는 공구별로 길이 등의 차이가 발생하기 때문에 이 차이 값을 기계에 알려주워야 한다. 일반적으로 기준공구를 1번에 장착하고 나머지는 2번부터 필요한 번호에 필요한 공구를 장착한다. 이때 1번 공구와 다음에 사용할 공구와의 길이 등의 차이 값을 기계 보정 파라메터에 입력한다. 이러한 공구 보정하기를 Offset(옵셋)이라 한다. 공구기능은 이처럼 공구 번호와 보정 번호를 이용하여 프로그램에서 사용하는 것을 말하며 어드레스 T 다음에 네 자리 숫자로 사용한다. T□□△△처럼 쓰는데 앞의 두 자리 숫자 □□는 공구 번호를 뜻하며 뒤의 두 자리 숫자 △△는 보정량을 저장한 보정번호를 뜻한다.

(1) V-CNC를 이용한 공구 교환 및 보정값 설정

1번에는 외경황삭 바이트 샹크 길이 50mm, 3번에는 외경정삭 바이트 샹크 길이 60mm, 5번에는 외경 홈바이트 폭은 4mm, 샹크길이 70mm로 장착하여 공구 길이 보정하는 것을 연습한다.

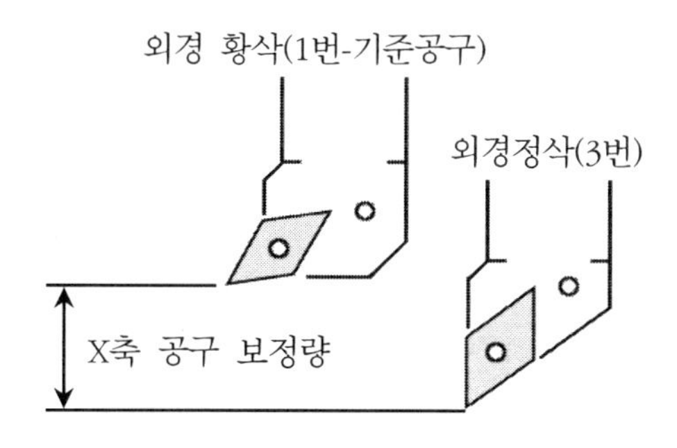

❶	메뉴 ⇒ 공구 ⇒ 공구설정		
❷	터렛 1	필요한 공구 선택 (연습시 1번 선택)	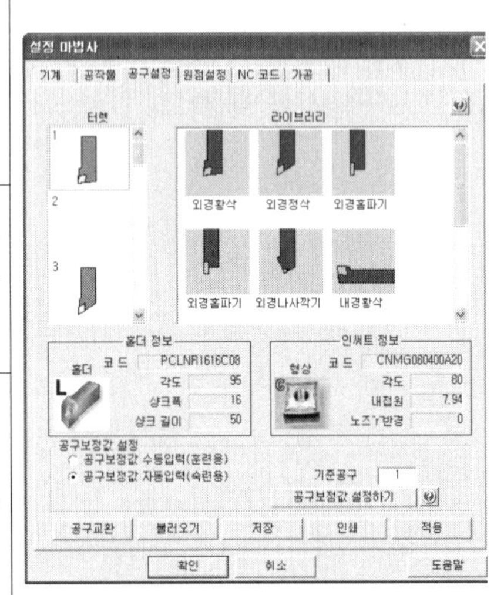
❸	공구교환	공구교환 버튼을 누르면 기계화면의 공구가 바뀐다.	
❹	공구보정값 설정 ◉ 공구보정값 수동입력(훈련용) ○ 공구보정값 자동입력(숙련용) ▼ 기준공구 1 공구보정값 설정하기	공구보정값 수동입력 ⇒ 공구보정값 설정하기 버튼을 클릭한다.	
❺	기계화면 아래에 나타나는 공작물 오른쪽 위를 클릭하면 기계화면 그래픽에서 공구 끝이 공작물 오른쪽 위틀에 접촉한다. **이 때의 X, Z 좌표값**을 메모한다.		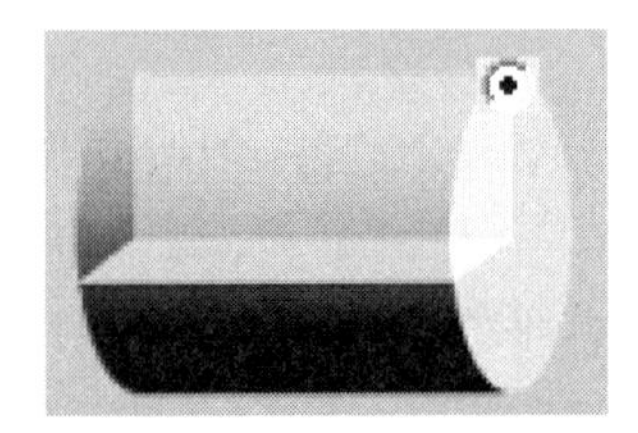
❻	㉮ 라이브러리에서 "외경정삭"을 더블클릭 ⇒ "일반 공구 정의"화면에서 홀더길이를 60으로 변경 ⇒ **홀더길이** 60 : D ㉯ "외경홈바이트"⇒"인선길이, 내접원직경"에서 4로 입력 ⇒ 인선길이,내접원직경 4 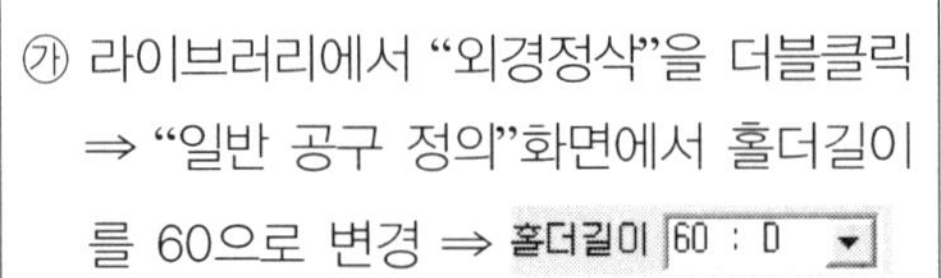 ㉰ "라이브러리" 창에서 변경한 바이트를 드래그하여 "터렛" 창의 해당 번호에 덮어씌운다.		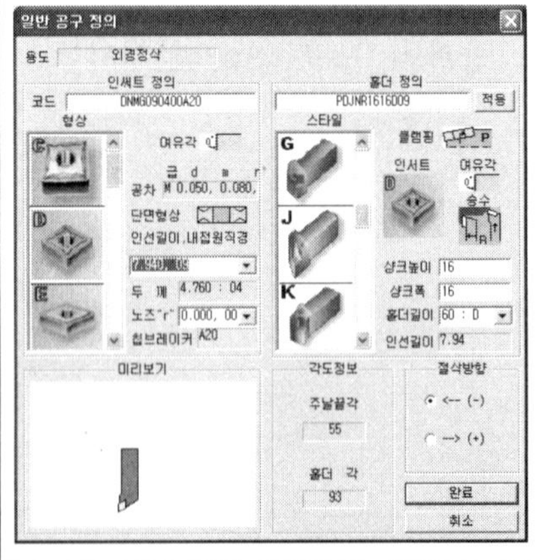

이제 3번에 설치된 외경 정삭 바이트를 선택하여, 위의 방법을 반복(❷공구선택 ❸공구교환 ❹공구보정값 설정하기 ❺공작물 오른쪽 위를 클릭)하여 기계좌표값 X, Z 값을 메모한다. 실제 기계에서는 Z 값도 중요하지만 시뮬레이터에서는 Z값이 변동이 없으므로 참고만 하고 X 값만 메모한다. 5번 홈바이트도 같은 방법으로 측정하여 기계좌표값을 메모한다.

앞에서 측정하여 메모한 X 좌표값이 1번은 X-250. 3번은 X-230 5번은 X-210라고 가정하였을 때 기준 공구와 3번 공구 및 5번의 공구와의 길이의 차이, 즉 X축 공구 보정량은 다음과 같이 계산한다. 보정량은 두 공구의 길이 차이를 나타내는 것이므로

3번 공구 = 1번 공구 − 3번 공구 = (−250) − (−230) = 20

5번 공구 = 1번 공구 − 5번 공구 = (−250) − (−210) = 40

이처럼 3번 공구는 1번 공구보다 20만큼 길고 5번 공구는 40만큼 길다는 것을 기계에 인식시켜 주는 것이 곧 공구 보정이다.

❼

12345678901234567890123456789012345

㉮ MENU OFSET 버튼 ⇒ 화면 아래 부분의 “일반 F1” 버튼을 누르면 보정 화면이 나타난다.

㉯ 해당 번호(3)을 클릭하고 입력 창에 X20. 을 입력하고 엔터를 치면 X축 값이 0.000에서 20.000으로 바뀐다.

㉰ (5)번 공구도 같은 방법으로 40을 입력한다.

* 물론 Z축의 값도 같은 방법으로 입력할 수 있으나 여기서는 필요 없어 생략한다.

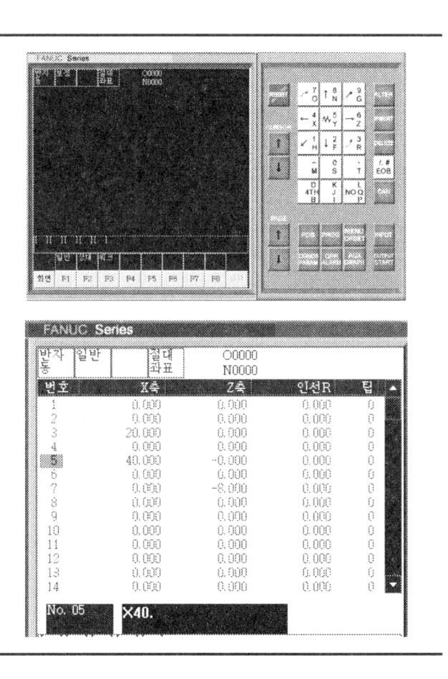

(2) FANUC 컨트롤러의 공구 교환 및 보정값 설정

① 기준공구 (1번 외경 황삭)를 불러낸다.

MDI ⇒ (PROG) ⇒ T0100 ⇒ (EOB) ⇒ (INSERT) ⇒

② 핸들로 외경과 단면을 절삭하고 이 점의 상대좌표 U, W 값을 0으로 셋팅한다. 핸들로 외경을 절삭한 다음 (POS) ⇒ [상대] ⇒ [U] ⇒ [ORIGEN] 을 누르면 화면상의 U 좌표값이 0으로 바뀐다. 마찬가지로 단면을 절삭하고 [W] ⇒ [ORIGEN] 을 실행한다.

③ 키보드 판넬에서 (OFF/SET) 버튼을 누른다. ⇒ 화면 아랫부분의 메뉴 선택 버튼 JOG **** *** *** 09:43 (보정)(셋팅)(좌표계)(에서 [보정] 을 누른다. ⇒ 메뉴 선택 버튼 JOG **** *** ** (마모)(형상) 에서 [형상] 을 누른다.

④ 번호 01의 X축으로 커서를 옮겨놓고 [0] ⇒ [입력], Z축으로 옮기고 [0] ⇒ [입력] 버튼을 눌러 0으로 셋팅한다.

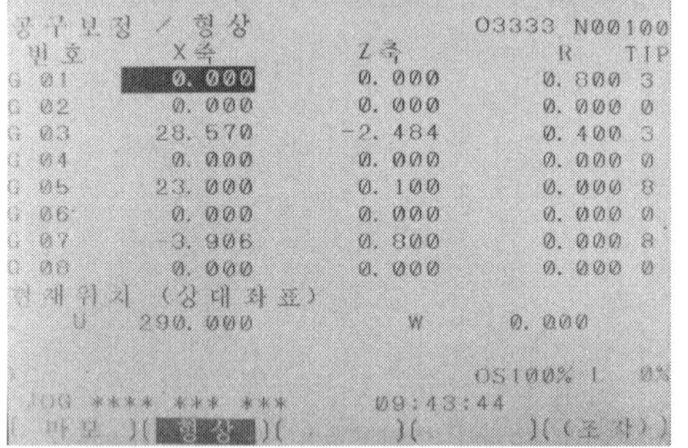

⑤ 공구를 3번으로 바꾼다.

⑥ 외경과 단면을 맞춘다. 외경을 맞추고 (OFF/SET) ⇒ "공구보정/형상" 화면에서 번호 03의 X축에 커서를 옮겨놓고 입력창에 [X] ⇒ [C. 입력] 버튼을 누른다. 이번에는 단면을 맞추고 같은 방법으로 Z 축에 커서 옮겨놓고 [Z] ⇒ [C. 입력]

수동으로 공구 보정값 정밀하게 측정하는 방법

❶	1번 기준 공구로 외경을 절삭하고 현재의 좌표값 U를 0으로 만들고 지름을 측정하여 메모한다.	공작물 지름 ϕ56.6 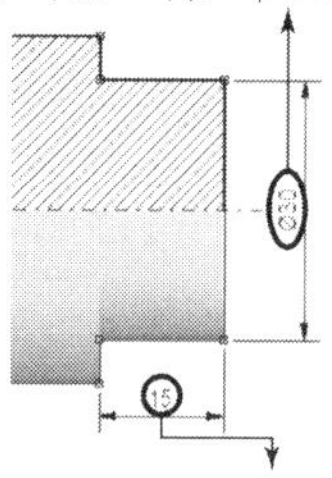
❷	1번 기준 공구로 단면을 절삭하고 현재의 좌표값 W를 0으로 만들고 공작물 길이를 측정한다. 길이 측정이 어려우면 그림과 같은 단을 만들어 그 길이를 측정한다. 측정값을 메모한다.	계단길이 34.7
❸	3번 외경 정삭 바이트로 외경을 절삭하고 이때의 상대좌표 U의 값과 공작물의 지름을 측정한 값을 메모한다.	좌표 U 16 공작물 ϕ56
❹	3번 외경 정삭 바이트로 단면을 절삭하고 상대좌표 W의 값과 계단을 측정하여 메모한다.	좌표 W −0.3 계단길이 34.5
❺	5번 공구도 위와 마찬가지로 값을 측정하여 메모한다.	U 49 ϕ55.3 W−1.5 길이 34
❻	공구 보정값은 다음 식으로 구한다. 상대좌표값 + (1번 공구로 가공한 공작물의 측정값 − 보정할 공구로 가공한 공작물의 측정값)	
❼	3번 공구 U 값 = 16+(56.6−56) = 16.6 W 값 = −0.3+(34.7−34.5) = −0.1	OFF/SET 3번에 X = 16.6 [입력] Z = −0.1 [입력]
❽	5번 공구 U 값 = 49+(56.6−55.3) = 50.3 W 값 = −1.5+(34.7−34) = −0.8	OFF/SET 5번에 X = 50.3 [입력] Z = −0.8 [입력]

6. 공작물 좌표계 설정

공작물 좌표계의 의미는 도면상의 프로그램 원점과 가공물의 원점을 일치시켜주는 것이다. CNC 선반에서 가공하는 부품은 주로 원통형상의 회전체이다. 따라서 원점은 공작물 양 끝 중에 어느 한 쪽의 중심이 된다.

지령은 G50 명령어를 사용하며 형식은 다음과 같다.

G50 X ____ Z____

(1) V-CNC를 이용한 좌표계 설정

① 메뉴에서, 공작물 ⇒ 생성 ⇒ 원기둥 ⇒ 확인을 선택하여 공작물을 장착한다.

② 메뉴에서, 공구 ⇒ 원점설정에서 현장방식(훈련용)을 선택하고 "가공원점 알아내기" 버튼을 누른다.

③ 앞에서 연습한 핸들, 반자동 등의 기능을 이용하여 공작물의 끝 부분을 외경이 약간 절삭될 수 있을 정도로 공구를 이동한 다음 외경을 조금 절삭하고 이때의 X의 절대 좌표값을 메모한다.

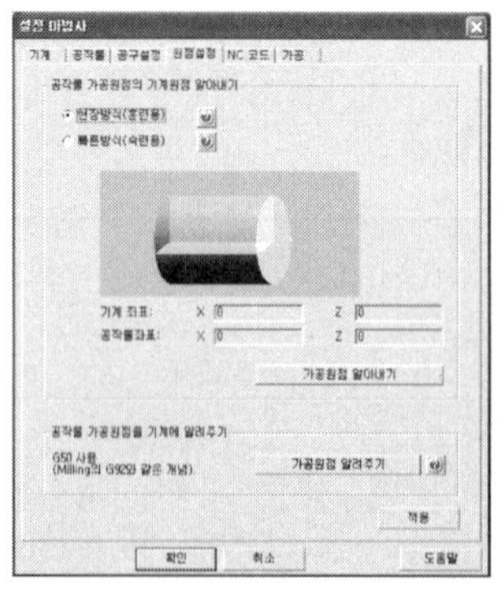

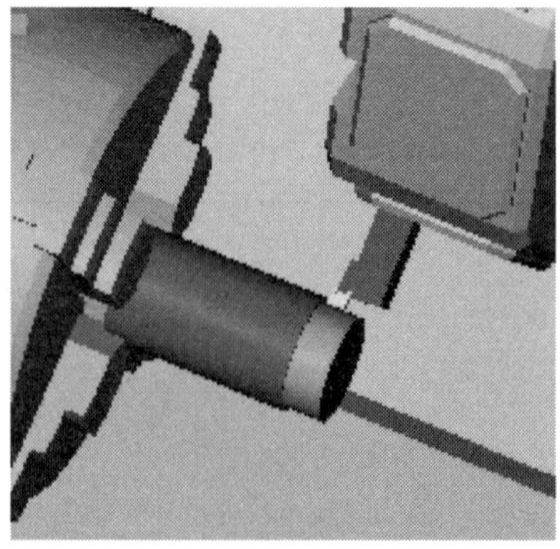

④ 메뉴에서, 검증 ⇒ 공작물 검사 Alt+Q를 실행한다.

⑤ 공작물 도면이 나타나면 수직방향 측정을 선택한 후 공작물을 절삭한 외경 부분의 포인트를 클릭하여 외경 치수를 메모한다(예 45).

⑥ 검증 화면을 닫고 다시 가공 화면으로 돌아와서 단면 가공을 위해 그 상태에서 핸들로 Z축을 뒤로 움직이고 X축을 움직여 공작물의 단면을 절삭을 한다.

⑦ 위 ③항에서 메모한 X 좌표값으로 기계좌표를 보면서 X 축으로 이동한다.

⑧ 위에서 작업한 현재의 위치가 가공물의 끝과 바이트의 끝이 일치한 위치이다. 가공 원점에서 현재의 바이트 끝의 위치는 Z 값은 0이고 X 값은 앞에서 측정한 공작물의 직경 값이므로 반자동 모드에서 다음과 같이 입력한다.

G50 X45. Z0. 자동개시 (자동개시)

⑨ 기계좌표 값을 확인해보면 X45 Z0으로 나타난다.

(2) FANUC 컨트롤러의 좌표계 설정

① 공작물을 장착한다. 발판 스위치를 이용하여 유압척을 조작하여 공작물을 장착한다.

② 핸들을 이용하여 바이트 끝이 공작물 끝에 가까이 오도록 조작한다.

③ 주축을 회전시킨다. 앞에서 익힌 MDI 기능을 이용하여 다음과 같이 입력한다.

G97 S500 M03 EOB E (EOB) INSERT (INSERT) START (START)

④ 주축이 회전하면 핸들로 공작물의 외경을 측정할 수 있을 만큼만 절삭하고 X를 움직이지 말고 Z 만으로 공구를 뒤로 충분히 빼낸 후 주축을 정지한다. 주축 정지는 JOG (JOG)를 누른 후 STOP (STOP) 버튼을 누른다.

⑤ 공작물의 지름을 정확하게 측정한다.

⑥ 현재의 위치를 공작물 좌표계 X___ 값으로 입력한다. 실수로 기계의 충돌 위험을 예방하기 위해 소수점을 반드시 붙여 입력해야한다. 예를 들어 측정값이 50이라고 하더라도 소수점을 위해 50.0으로 입력한다.

⑦ 단면을 절삭하고 이 값을 Z0.0 으로 입력한다.

7. 프로그램 작성과 자동운전

자동운전이란 프로그램을 이용하여 가공하는 것을 말한다. 실제로는 컴퓨터를 이용하여 작성한 프로그램을 기계에 입력하여 작업을 하는 것이 일반적이지만 여기서는 간단한 프로그램을 직접 작성, 입력하여 연습한다.

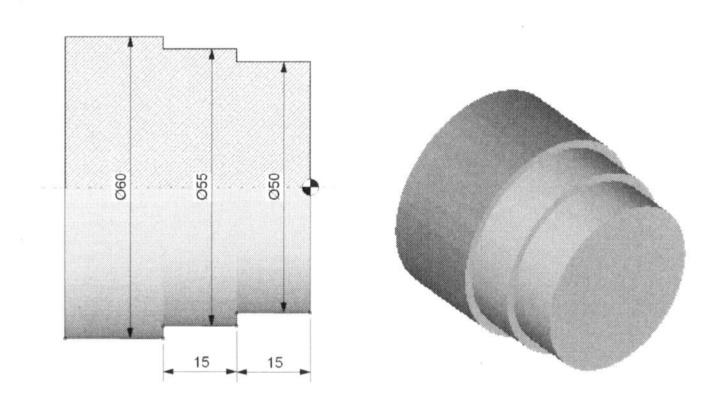

O0001	프로그램 번호, 알파벳 O로 시작한다.
G28 U0. W0. ;	자동원점 복귀
G50 S1100 T0100 ;	기계의 최고회전수 지정, 공구 1번 선택
G96 S180 M03 ;	절삭속도 180, 주축 정회전
G00 X62. Z0.1 T0101 M08 ;	X62. Z0.1 까지 급속이송, 절삭유 ON
G01 X0. F0.2 ;	X0 까지 속도 0.2로 절삭이송(단면절삭)
G00 X58. W1. ;	X58까지, Z축 증분(W)으로 1만큼, 즉 단면에서 1mm 떨어진 위치로 급속이송
G01 Z-29.9 ;	Z-29.9까지 이송속도 0.2로 절삭이송
G00 U2. Z2. ;	X축 증분(U)으로 2만큼, Z 축으로는 절대좌표 2까지 급속이송
G00 X55.9 ;	X 55.9까지 급속이송

G01 Z-29.9 ;	
G00 U2. Z2. ;	
G00 X53. ;	
G01 Z-14.9 ;	
G00 U2. Z2. ;	
G00 X50.9 ;	
G01 Z-14.9 ;	
G00 X100. Z50. M09 ;	공구 교환 위치로 급속이송, 절삭유 OFF
T0303 M08 ;	공구 및 보정번호를 03번 호출, 절삭유 ON
G00 X55. Z1. ;	가공 시작점으로 급속이송
G01 X0. F0.15 ;	정삭 가공을 위해 이송속도 0.15로 가공
G00 X50. Z1. ;	외경 정삭 위치까지 급속이송
G01 Z-15. ;	0.9mm 정도로 정삭작업
X55. ;	
Z-30. ;	
X60. ;	
G00 X100. Z50. ;	공구 교환 위치 X100, Z50로 급속이송
T0100 M09 ;	공구 1번 호출하여 다음 작업 준비.
M05 ;	주축 정지

(1) V-CNC를 이용한 자동운전

❶	모드선택 ⇒ 편집 모드로 선택한다.	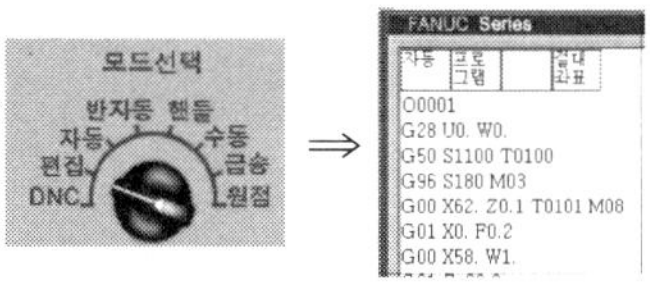
❷	입력창에 위의 프로그램을 입력한다.	
❸	공작물 ⇒ 생성을 선택하여 설정 마법사 창에 공작물 종류를 "원기둥", 길이는 "70", 지름 "60", 클램핑 방법 "외부클램핑"으로 선택하고 "적용"을 누르고, 설정 마법사를 "원점 설정"으로 선택한다.	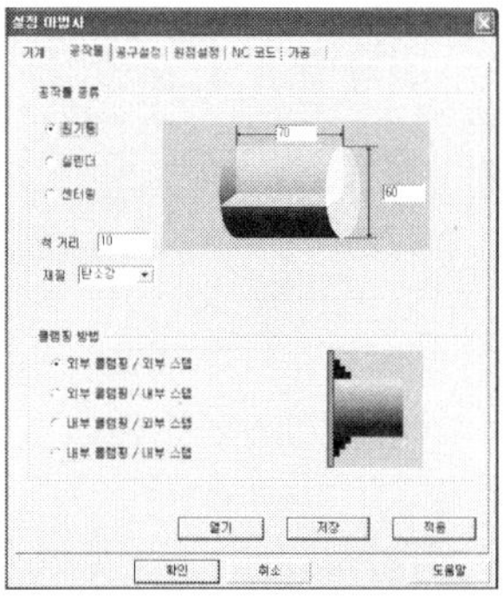
❹	앞에서 연습을 했으므로 여기서는 "빠른 방식"으로 선택하고 공작물의 중심을 선택하고 "적용"을 누르면 기계화면에서 공구가 공작물의 중심에 위치한 모양을 볼 수 있다.	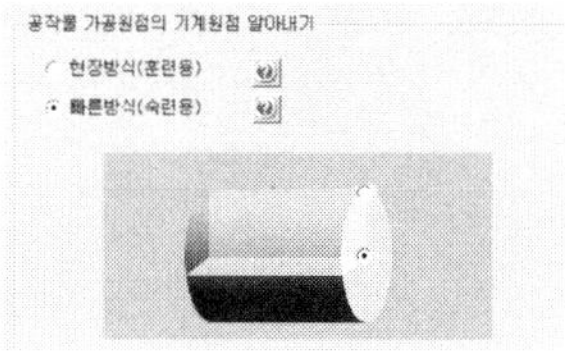
❺	공작물 좌표계를 설정한다. 반자동 ⇒ G50 X0. Z0. ⇒ 자동개시	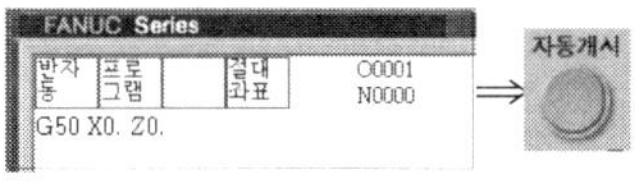
❻	제대로 가공되는지, 기계의 충돌 위험은 없는지 등을 확인해야하므로 수동이송속도 조절을 10%에 맞추고 "Single Block"을 ON으로 하고, 커서를 프로그램의 처음으로 옮긴다.	
❼	모드 선택을 자동으로 선택하고 자동개시 버튼을 누르면 한 블록씩 실행한다. 한 블록 실행이 끝나면 다시 자동개시 버튼을 누른다.	

(2) FANUC 컨트롤러의 자동운전

❶	프로그램 내용 검색	(EDIT) ⇒ (PROG) ⇒ [조작] ⇒ 0001(프로그램 번호) ⇒ [O 검색] * (DIR에서 번호 확인)
	새 프로그램 입력	O0001(새 프로그램 번호) ⇒ (INSERT)
	기존 프로그램 삭제	O0001(기존 프로그램 번호) ⇒ (DELETE)
❷	공작물을 장착한다.(페달 스위치 이용)	
❸	기준공구(1번 외경황삭)를 호출하여 단면과 외경 가공을 하고 그 점을 U, W 좌표값을 0으로 만든다. (POS) ⇒ 상대 ⇒ W ⇒ ORIGEN을 누르면 화면상의 W 좌표값이 0으로 바뀐다. 마찬가지로 단면을 절삭하고 U ⇒ ORIGEN을 실행한다.	
❹	(OFF/SET) ⇒ "[보정]" ⇒ "[형상]"에서 번호 01의 X축으로 커서를 옮겨놓고 0 ⇒ [입력], Z축으로 옮기고 0 ⇒ [입력] 버튼을 눌러 0으로 셋팅한다.	
❺	공구를 3번으로 바꾸고 외경과 단면을 맞춘다. 외경을 맞추고 (OFF/SET) ⇒ "공구보정/형상" 화면에서 번호 03의 X축에 커서를 옮겨놓고 입력 창에 X ⇒ "[C. 입력]" 버튼을 누른다. 이번에는 단면을 맞추고 같은 방법으로 Z 축에 커서 옮겨놓고 Z ⇒ [C. 입력]	
❻	U0, Z0로 공구를 옮긴 후 이 점을 기준으로 공작물 좌표계를 설정한다.(공작물 지름을 측정하니 50이라고 가정한다.) MDI ⇒ PROG ⇒ G50 X50. Z0. ;	
❼	메모리 운전 MACHINE LOCK, SINGLE BLOCK 버튼 ON ⇒ START. (**주의** ; MACHINE LOCK을 실행해도 주축회전과 공구교환은 실행된다. 그러므로 충돌하지 않도록 멀리 띄워놓고 START를 누른다.) 이상 없으면 MACHINE LOCK을 해제하고 싱글블록으로 실행한다. 역시 이상 없으면 SINGLE BLOCK도 해제하고 천천히 실행한다. MACHINE LOCK은 "SELECT"와 동시에 눌러야한다.	

2.3 CNC 선반 과제 따라 하기

1. 직선 절삭

(1) 도면 및 프로그램

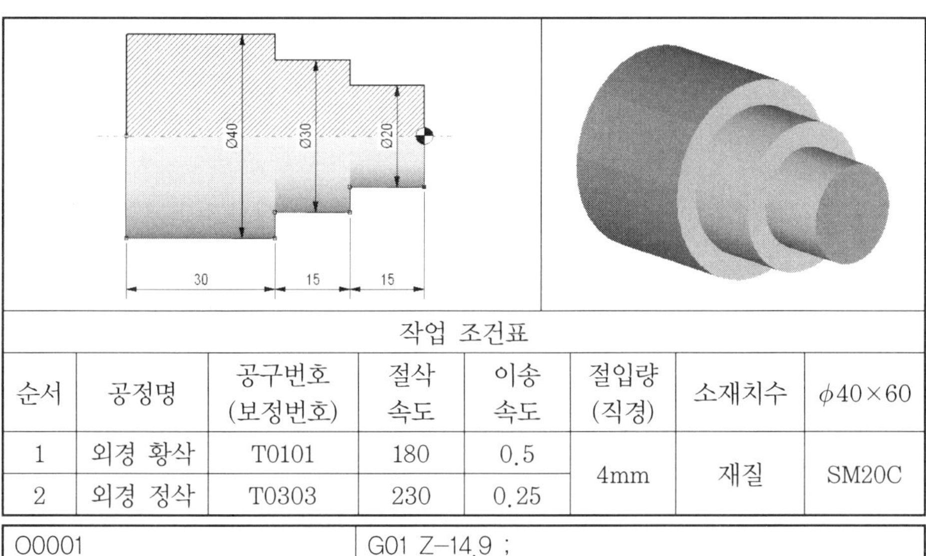

작업 조건표							
순서	공정명	공구번호 (보정번호)	절삭 속도	이송 속도	절입량 (직경)	소재치수	$\phi40\times60$
1	외경 황삭	T0101	180	0.5	4mm	재질	SM20C
2	외경 정삭	T0303	230	0.25			

O0001	G01 Z-14.9 ;
G28 U0. W0. ;	G00 U2. Z2. ;
G50 S2800 T0100 ;	G00 X20.9 ;
G96 S180 M03 ;	G01 Z-14.9 ;
G00 X42. Z0.1 T0101 M08 ;	G00 U2. Z2. ;
G01 X0. F0.5 ;	G00 X100. Z50. M09 ;
G00 X36. W1. ;	G00 X20. Z5. T0303 M08 ;
G01 Z-29.9 ;	G01 X0. F0.25 ;
G00 U2. Z2. ;	G00 X20. Z2. ;
G00 X32. ;	G01 Z-15. ;
G01 Z-29.9 ;	X30. ;
G00 U2. Z2. ;	Z-30. ;
G00 X26. ;	X41. ;
G01 Z-14.9 ;	G00 X100. Z50. T0100 M09 ;
G00 U2. Z2. ;	M05 ;
G00 X22. ;	

(2) V-CNC에서의 작업순서

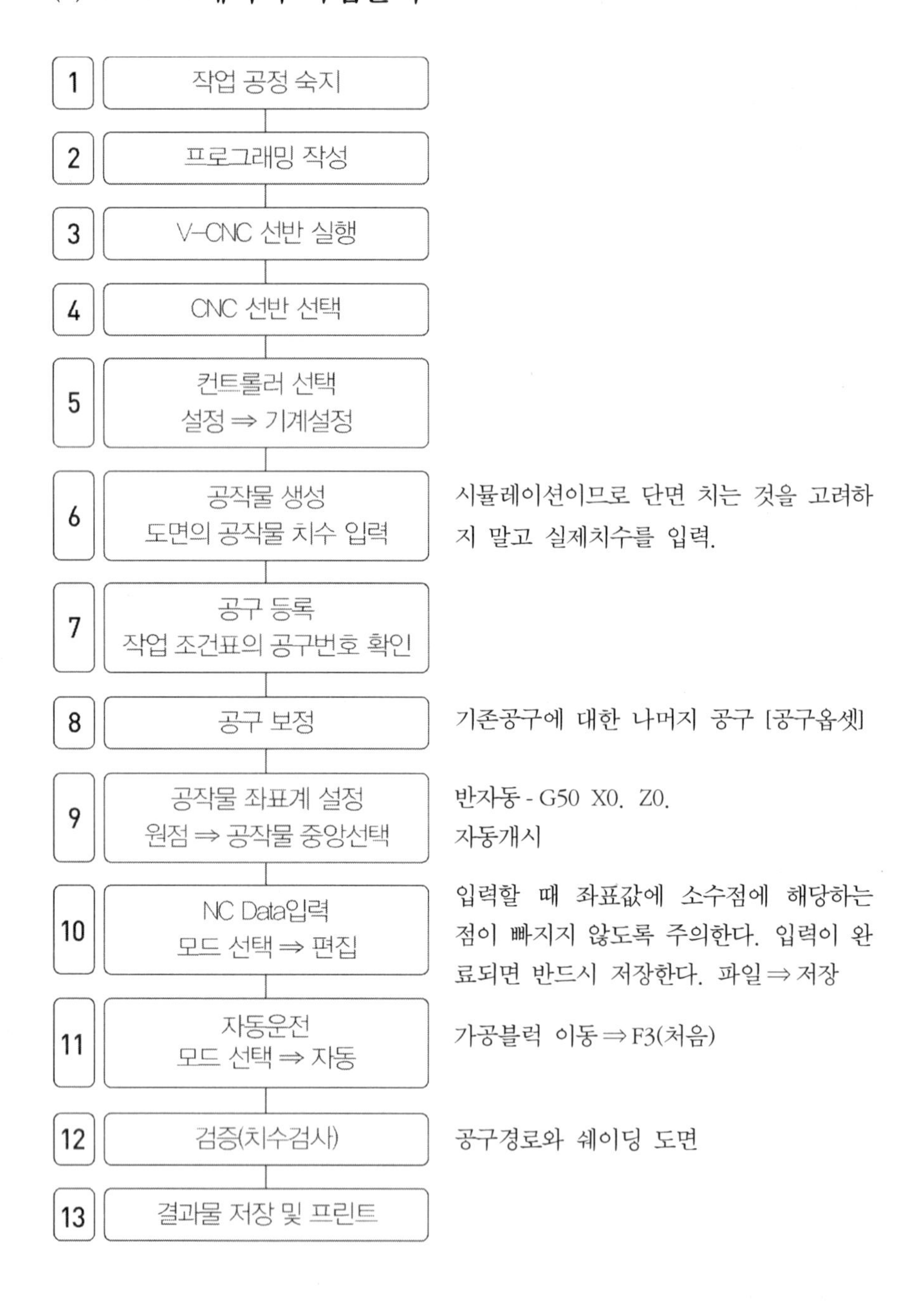

1 작업 공정 숙지
2 프로그래밍 작성
3 V-CNC 선반 실행
4 CNC 선반 선택
5 컨트롤러 선택
설정 ⇒ 기계설정
6 공작물 생성
도면의 공작물 치수 입력
시뮬레이션이므로 단면 치는 것을 고려하지 말고 실제치수를 입력.
7 공구 등록
작업 조건표의 공구번호 확인
8 공구 보정
기존공구에 대한 나머지 공구 [공구옵셋]
9 공작물 좌표계 설정
원점 ⇒ 공작물 중앙선택
반자동 - G50 X0. Z0.
자동개시
10 NC Data입력
모드 선택 ⇒ 편집
입력할 때 좌표값에 소수점에 해당하는 점이 빠지지 않도록 주의한다. 입력이 완료되면 반드시 저장한다. 파일 ⇒ 저장
11 자동운전
모드 선택 ⇒ 자동
가공블럭 이동 ⇒ F3(처음)
12 검증(치수검사)
공구경로와 쉐이딩 도면
13 결과물 저장 및 프린트

(3) 작업방법

가) 기계설정

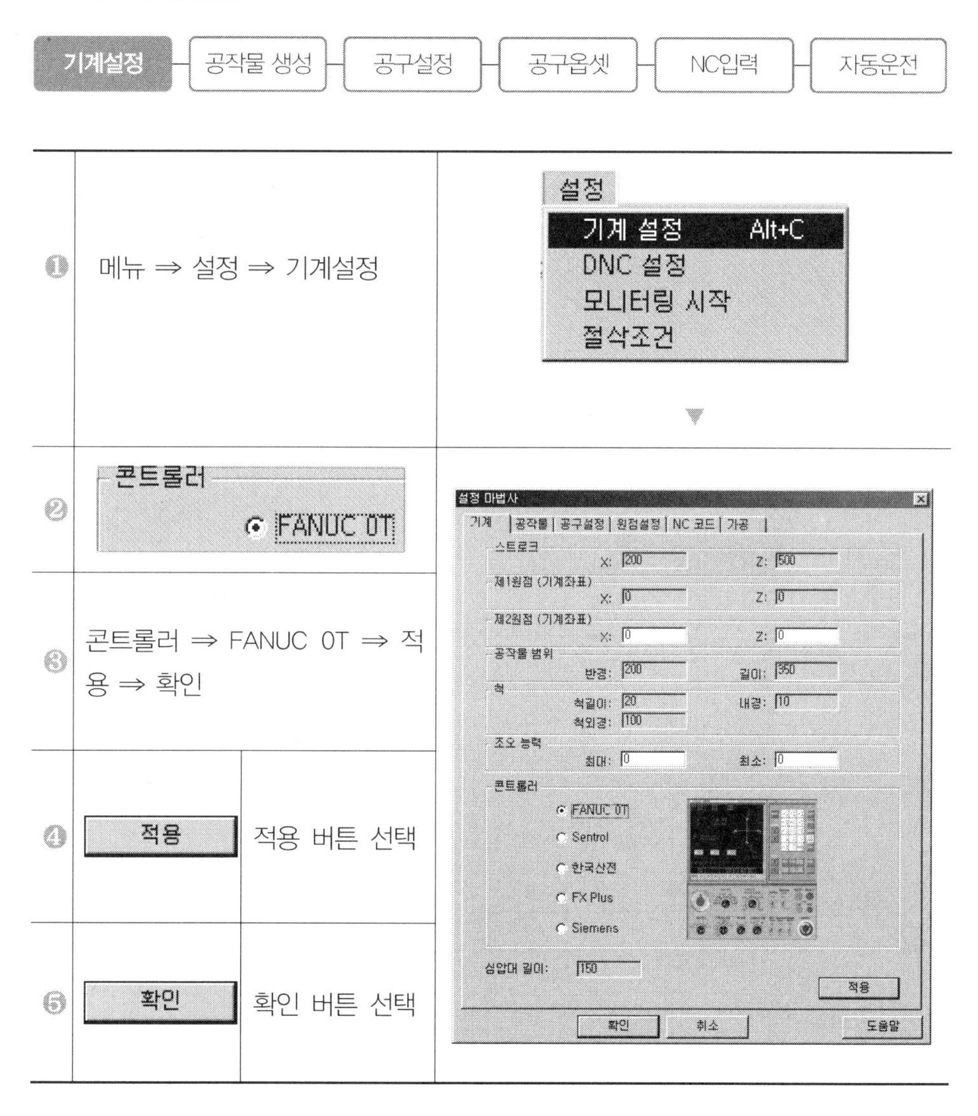

❶	메뉴 ⇒ 설정 ⇒ 기계설정	
❷	콘트롤러 FANUC 0T	
❸	콘트롤러 ⇒ FANUC 0T ⇒ 적용 ⇒ 확인	
❹	적용	적용 버튼 선택
❺	확인	확인 버튼 선택

나) 공작물생성

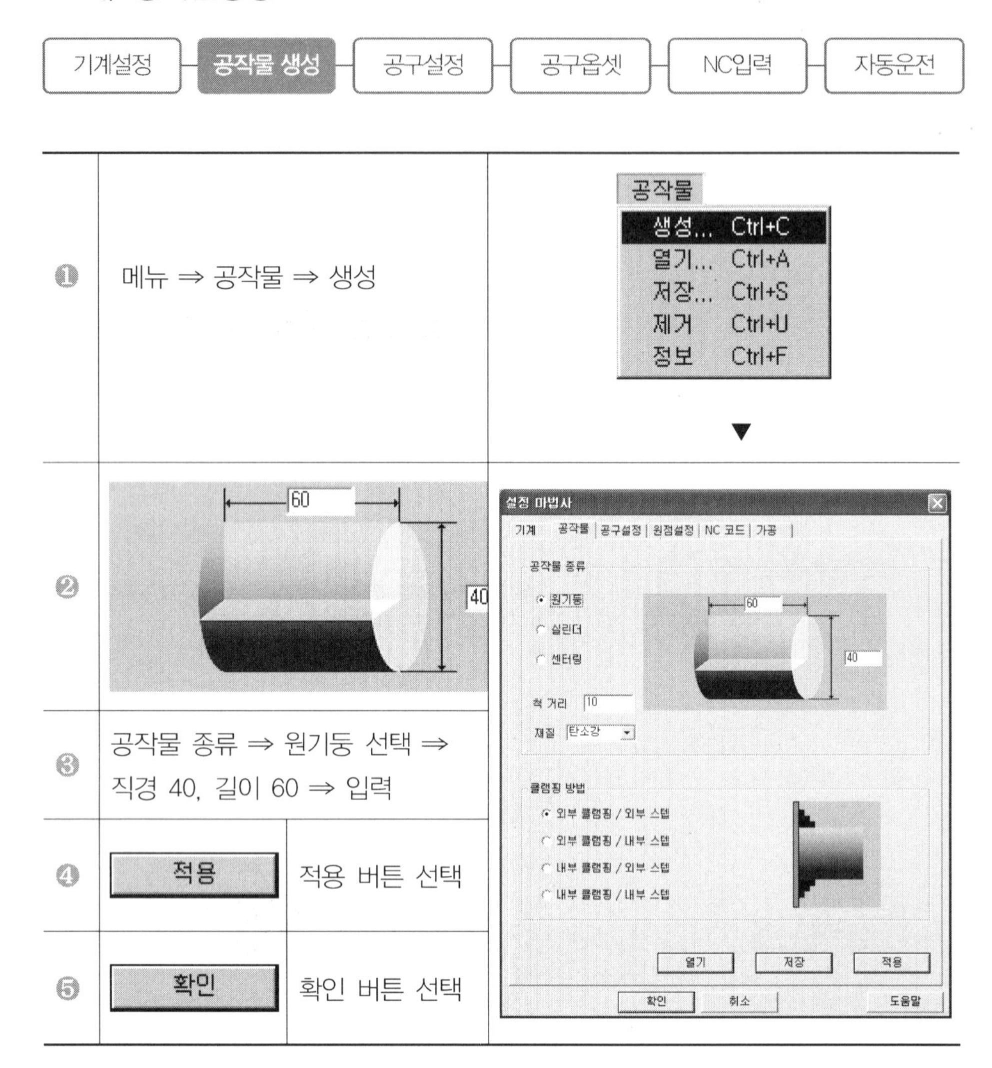
기계설정
공작물 생성
공구설정
공구옵셋
NC입력
자동운전
메뉴 ⇒ 공작물 ⇒ 생성
공작물
생성... Ctrl+C
열기... Ctrl+A
저장... Ctrl+S
제거 Ctrl+U
정보 Ctrl+F
60
40
공작물 종류 ⇒ 원기둥 선택 ⇒
직경 40, 길이 60 ⇒ 입력
적용
적용 버튼 선택
확인
확인 버튼 선택
설정 마법사
기계
공작물
공구설정
원점설정
NC 코드
가공
공작물 종류
원기둥
실린더
센터링
척 거리
10
재질
탄소강
클램핑 방법
외부 클램핑 / 외부 스텝
외부 클램핑 / 내부 스텝
내부 클램핑 / 외부 스텝
내부 클램핑 / 내부 스텝
열기
저장
적용
확인
취소
도움말

다) 공구설정

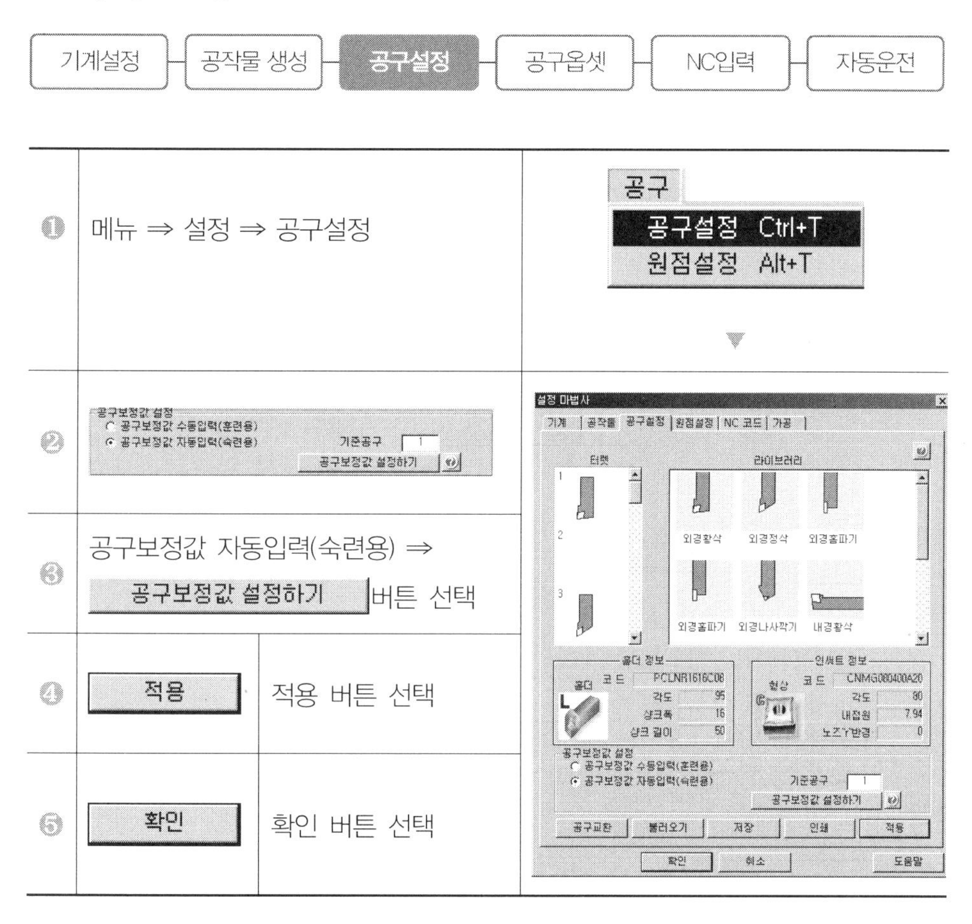

• 기본으로 다음과 같이 터렛에 등록되어 있다.

터렛1 외경황삭, 터렛3 외경정삭, 터렛5, 외경홈3, 터렛7 외경나사

• 변경을 원할 경우는 라이브러리의 공구를 더블클릭하여 정보를 변경하고 변경된 공구를 해당 터렛 번호에 끌어다 놓는다.

라) 공구옵셋

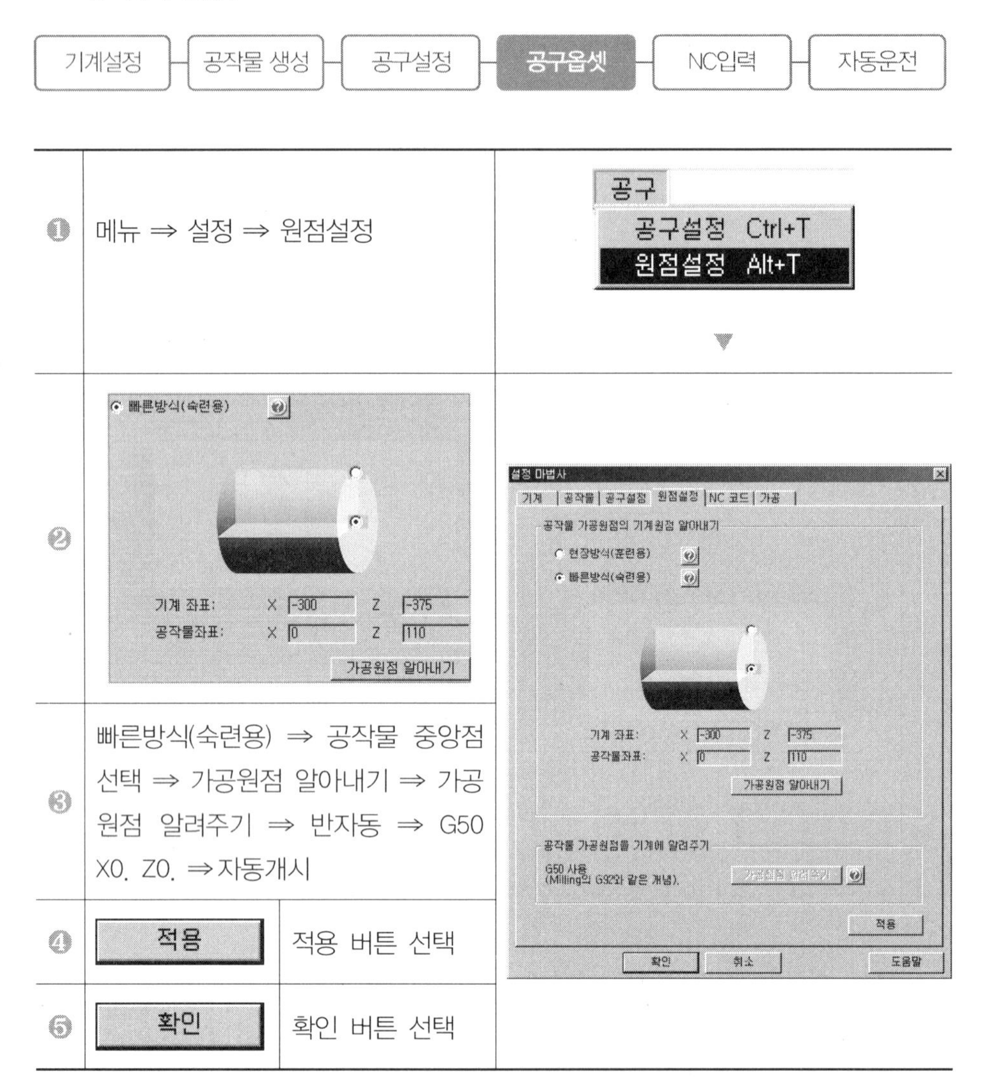

❶	메뉴 ⇒ 설정 ⇒ 원점설정	
❷		
❸	빠른방식(숙련용) ⇒ 공작물 중앙점 선택 ⇒ 가공원점 알아내기 ⇒ 가공원점 알려주기 ⇒ 반자동 ⇒ G50 X0. Z0. ⇒ 자동개시	
❹	적용	적용 버튼 선택
❺	확인	확인 버튼 선택

마) NC입력

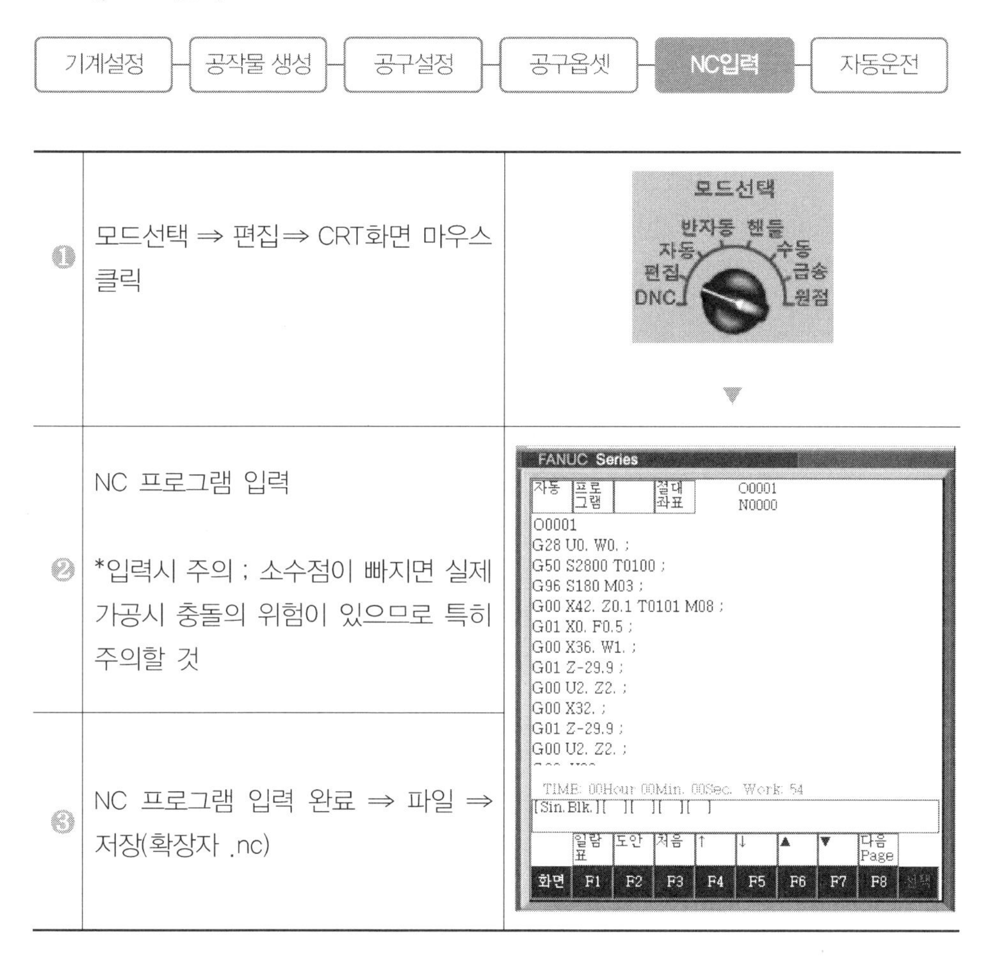

기계설정 – 공작물 생성 – 공구설정 – 공구옵셋 – **NC입력** – 자동운전

❶	모드선택 ⇒ 편집⇒ CRT화면 마우스 클릭	
❷	NC 프로그램 입력 *입력시 주의 ; 소수점이 빠지면 실제 가공시 충돌의 위험이 있으므로 특히 주의할 것	
❸	NC 프로그램 입력 완료 ⇒ 파일 ⇒ 저장(확장자 .nc)	

※ **메모장에서 프로그램을 작성한 경우 NC 파일 불러오기**

① 파일을 저장할 때 파일 형식을 '모든파일(*.*)'로 선택하고 파일 이름 항목에 '프로그램번호.nc'를 입력한 후 저장한다.

② NC 프로그램을 불러오는 방법은 주메뉴바 ⇒ 파일을 선택하고 저장한 파일을 열어 준다.

③ 위에서 설명한 내용을 참고하여 공작물원점좌표를 수정 해 준다.

바) 자동운전

기계설정 – 공작물 생성 – 공구설정 – 공구옵셋 – NC입력 – **자동운전**

❶	컨트롤러 조작반 ⇒ 모드선택 ⇒ 자동	모드선택 반자동 핸들 자동 수동 편집 급송 DNC 원점 ▼
❷	모니터 화면 아랫부분의 소프트 키 "처음 [F3]" ⇒ 컨트롤러 조작반의 "자동개시"	자동개시

※ 공작물 돌려 물리기를 하는 경우
가공 완료 후 마우스를 기계화면에 올려놓는다. 마우스 오른쪽 버튼을 클릭 한 후 돌려 물리기를 선택한다.

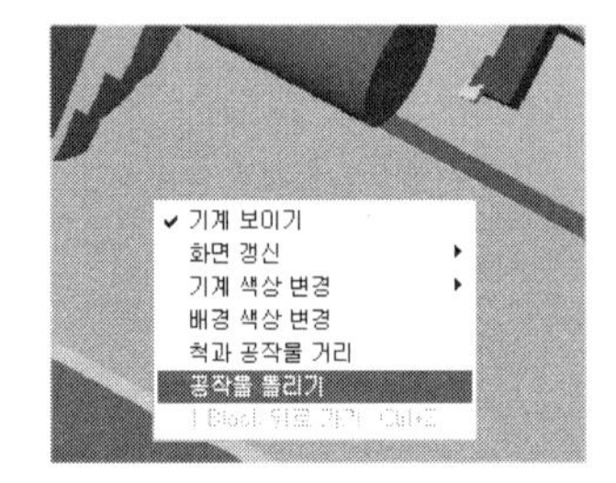

사) 공작물 검사

▶ **치수검사**

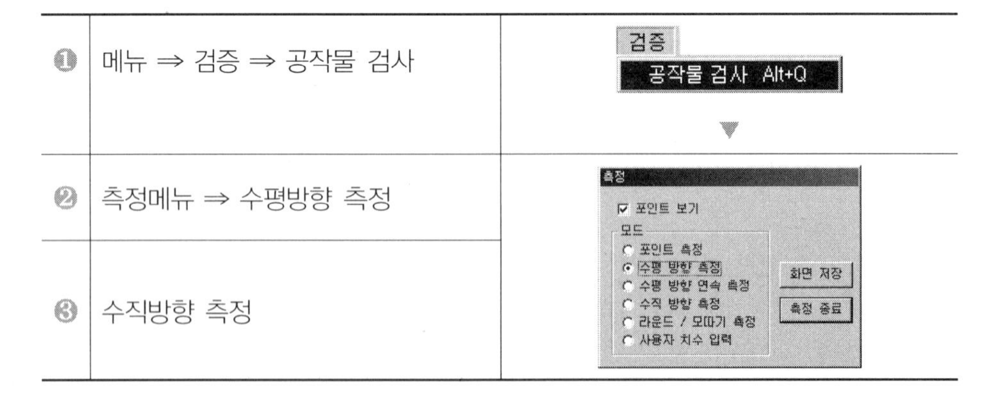

❶	메뉴 ⇒ 검증 ⇒ 공작물 검사	
❷	측정메뉴 ⇒ 수평방향 측정	
❸	수직방향 측정	

▶ 공구경로 보기

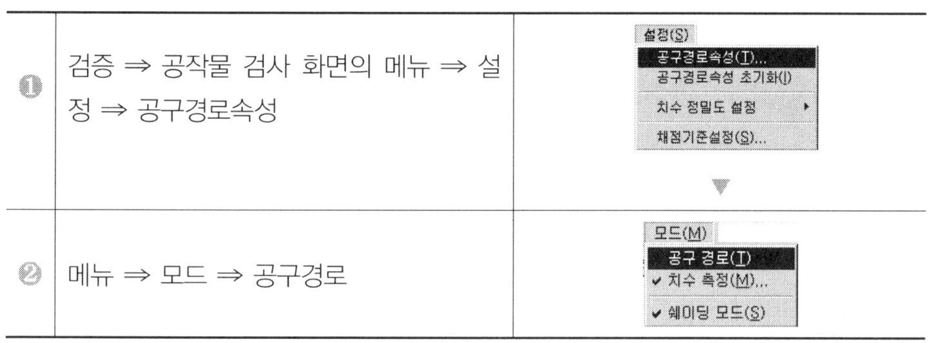

❶	검증 ⇒ 공작물 검사 화면의 메뉴 ⇒ 설정 ⇒ 공구경로속성	설정(S) 공구경로속성(T)... 공구경로속성 초기화(I) 치수 정밀도 설정 채점기준설정(S)...
❷	메뉴 ⇒ 모드 ⇒ 공구경로	모드(M) 공구 경로(T) ✔ 치수 측정(M)... ✔ 쉐이딩 모드(S)

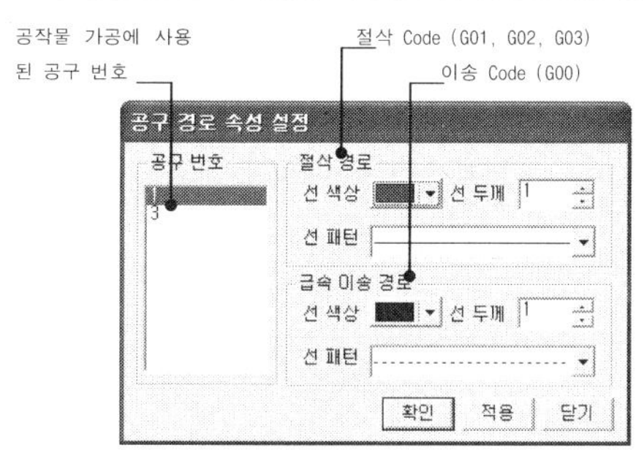

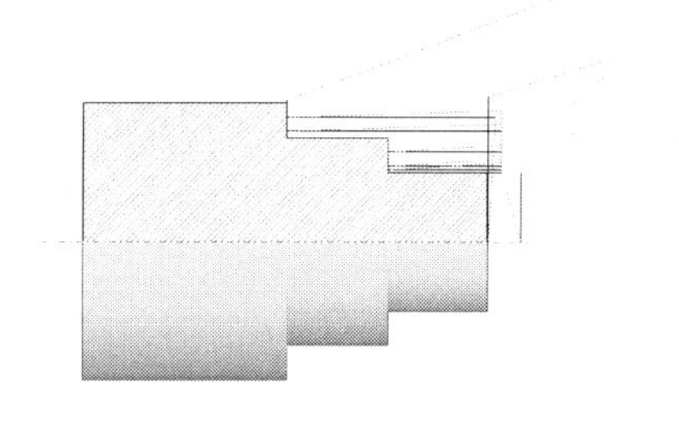

▶ 공구경로 인쇄하기

❶	(검증창)메뉴 ⇒ 파일 ⇒ 인쇄미리보기	파일(F) 새 파일(N) 열기(O)... 서식 인쇄 인쇄 설정 인쇄 미리 보기 종료(X)
❷	오른쪽 메뉴바에서 서식의 표제를 선택.	
❸	메뉴바의 편집에서 Value의 값을 마우스로 선택	
❹	정보를 입력하고 키보드의 Enter버튼을 누른다.	
❺	정보가 입력되면 [적용] 버튼을 누른다.	

1	입력하세요	입력하세요	1	
번호	부품번호	부품명	개수	비고
도면번호 도면번호		도면명 도면명		
학교 학교이름		학과명 학과명		
번호 번호		성명 이름		

※ (검증)메뉴바 ⇒ 모드 ⇒ 치수 측정을 선택하여 치수측정 화면 인쇄.

▶ 인쇄 서식화면 이미지 저장하기

❶	(검증창)메뉴 ⇒ 파일 ⇒ 인쇄미리보기
❷	앞서 설명한 내용을 참고하여 표제란을 편집한다.
❸	오른쪽 아래에 이미지 저장을 클릭
❹	저장할 폴더를 지정하고 파일 이름 입력
❺	저장을 누른다. (jpeg로 저장)

▶ NC 데이터 서식 인쇄하기

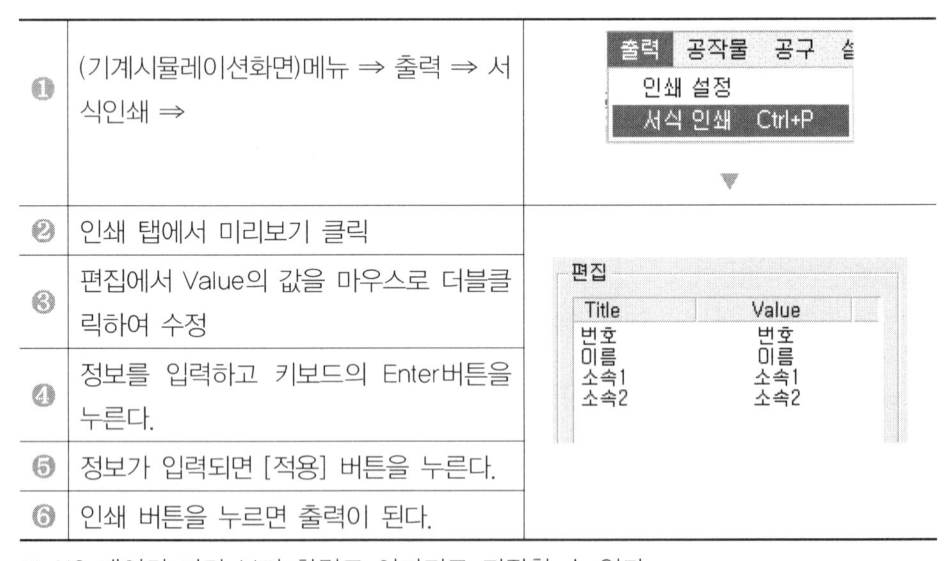

❶	(기계시뮬레이션화면)메뉴 ⇒ 출력 ⇒ 서식인쇄 ⇒
❷	인쇄 탭에서 미리보기 클릭
❸	편집에서 Value의 값을 마우스로 더블클릭하여 수정
❹	정보를 입력하고 키보드의 Enter버튼을 누른다.
❺	정보가 입력되면 [적용] 버튼을 누른다.
❻	인쇄 버튼을 누르면 출력이 된다.

※ NC 데이터 미리 보기 화면도 이미지로 저장할 수 있다.

(4) FANUC Series 0i-TC에서의 작업순서

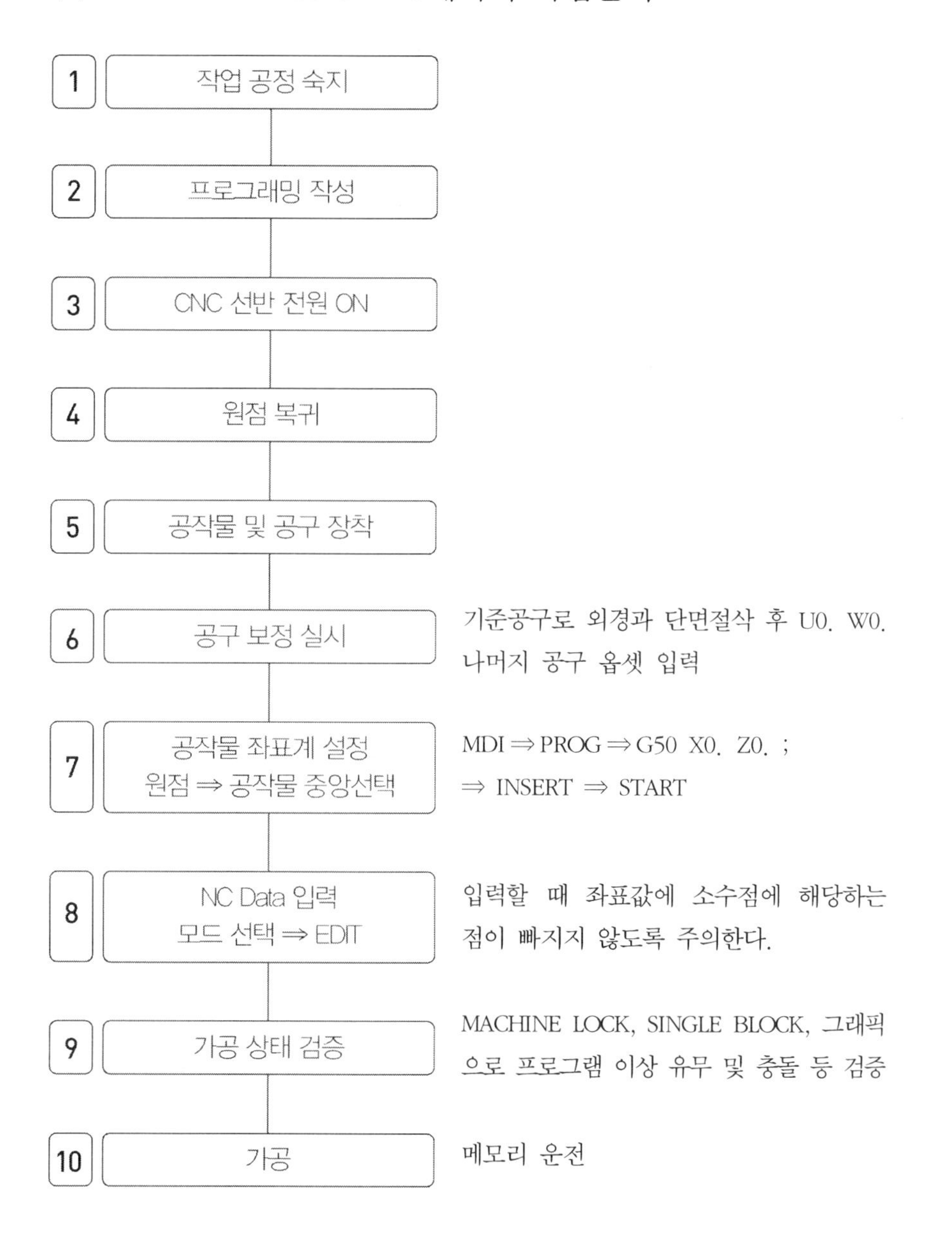
1
작업 공정 숙지
2
프로그래밍 작성
3
CNC 선반 전원 ON
4
원점 복귀
5
공작물 및 공구 장착
6
공구 보정 실시
기준공구로 외경과 단면절삭 후 U0. W0.
나머지 공구 옵셋 입력
7
공작물 좌표계 설정
원점 ⇒ 공작물 중앙선택
MDI ⇒ PROG ⇒ G50 X0. Z0. ;
⇒ INSERT ⇒ START
8
NC Data 입력
모드 선택 ⇒ EDIT
입력할 때 좌표값에 소수점에 해당하는
점이 빠지지 않도록 주의한다.
9
가공 상태 검증
MACHINE LOCK, SINGLE BLOCK, 그래픽
으로 프로그램 이상 유무 및 충돌 등 검증
10
가공
메모리 운전

가) 기계 설정 및 가공 준비

❶	전원 투입 및 시동	강전반 스위치 ON ⇒ 조작반 POWER 스위치 ON ⇒ 비상정지 해제 ⇒ STANDBY ⇒ ZERO RETURN
❷	가공 준비	핸들을 이용하여 X, Z 축을 (–) 쪽으로 약간 이동하고 주축 회전 ; (MDI) ⇒ (PROG) ⇒ G97 S **회전수** M03 (EOB) ⇒ (INSERT) ⇒ (START)
❸	기준공구 호출	⇒ (PROG) ⇒ T0100 ⇒ (EOB) ⇒ (INSERT) ⇒
❹	기준공구 보정값 "0" 입력	㉮ 외경 절삭 후 직경 측정값 메모 ⇒ (POS) ⇒ 상대 ⇒ U ⇒ ORIGEN ㉯ (OFF/SET) ⇒ [보정] ⇒ [형상] ⇒ 01 X축에 커서 ⇒ 0 ⇒ [입력] ㉰ 단면 절삭 후 단차길이 측정값 메모 ⇒ (POS) ⇒ 상대 ⇒ W ⇒ ORIGEN ㉱ (OFF/SET) ⇒ [보정] ⇒ [형상] ⇒ 01 Z축에 커서 ⇒ 0 ⇒ [입력]
❺	다른 공구 보정값 입력	㉮ 3번 공구 호출 ⇒ 외경 절삭 ⇒ 상대 좌표값 메모 ⇒ 공작물 외경 측정 ⇒ 보정값 계산 **보정값 = 현재 상대좌표값 + (처음직경 – 현재 가공직경)** ㉯ 3번 공구로 단면절삭 ⇒ 상대 좌표값 메모 ⇒ 공작물 길이 측정 ⇒ 보정값 계산

나) NC 데이터 입력 및 자동 운전

❶	목록확인	EDIT (EDIT) ⇒ PROG (PROG) ⇒ [DIR] ⇒ [DIR+] 에서 확인
❷	내용확인	[조작] ⇒ 프로그램 번호 입력 ⇒ [O 검색]
❸	삭제	[조작] ⇒ $\overline{O}$ 0001 ⇒ (DELETE)
❹	새번호 입력	[조작] ⇒ $\overline{O}$ 0001 ⇒ (INSERT)
❺	데이터 입력	데이터를 입력한다.
❻	그래픽 확인	MEMORY (MEMORY) ⇒ PROG (PROG) ⇒ MACHINE LOCK (MACHINE LOCK) ⇒ (CSTM/GR) ⇒ [도형] ⇒ START MACHINE LOCK을 풀면 실제 가공이 되며 가공 중에도 그래픽을 확인할 수 있다.
❼	데이터 수정	가공 경로를 확인하여 잘못된 내용의 데이터를 수정한다.
❽	싱글블록 가공	SINGLE BLOCK 으로 설정하고 추축회전수, 이송속도를 저속으로 놓고 한 블록씩 가공하며 확인한다.
❾	자동운전	그래픽 확인과 같은 방법이다. 다만 MACHINE LOCK (MACHINE LOCK)을 해제하는 점만 다르다.

2. 사이클을 이용한 직선 절삭

(1) 지령형식

앞의 예제 1 프로그램을 보면 절삭가공을 끝내고 처음 가공위치로 급속이송(G00 U2. Z2.)하고 다음 가공 시작점 위치까지 급속이송(G00 X___)하는 블록이 계속 반복된다. 이러한 반복 기능을 합해서 하나의 블록으로 작성하는 것이 단일형 고정 사이클(G90, G94) 기능이다. 프로그램에서 지정한 가공 종점까지는 절삭가공을 하고 돌아올 때와 다음 가공 시작점까지는 급속이송을 하므로 프로그램 작성을 간소화 할 수 있다. 여기에서는 G90 단일형 고정 사이클의 개념을 이해하기 위해 예제 1번과 같은 도면으로 실습을 한다. G94는 단면을 사이클로 가공한다는 점이 다르다.

G90 X(U)___ Z(W)___ R___ F___ ;

X(U)___ Z(W)___ ; 실제 가공 치수(가공점 끝의 좌표값)
F ; 이송량(앞 블록에서 지정했으면 생략해도 된다.)
R ; 테이퍼 가공시 종점에서 본 시점의 증분 반경값

R값 계산의 예) 가공 시작점 지름 40, 끝점 지름 52일 경우 52-40=12 이므로 시작점과 끝점의 거리 차이는 시작점이 -6. 만큼 작으므로 R-6.을 입력한다.
참고 ; 공구 충돌을 방지하기 위해 Z 시작점이 0. 이 아닌 경우 시작점 위치에서의 지름 값을 계산에 의해 구해서 정확하게 입력해야 한다.

G94 X(U)___ Z(W)___ R___ F___ ;

R ; 테이퍼 가공시 종점에서 본 시점의 증분 좌표값

* **주의** ; G90, G92, G94에서 사용된 데이터 X(U), Z(W), R 값은 공통으로 사용되는 Modal 값이므로 새로 입력하지 않으면 앞에 입력된 데이터를 그대로 사용한다. G90, G92, G94 이외의 01 그룹(G00, G01, G02, G03 등) 코드를 지령하면 취소된다.

(2) 도면 및 모델

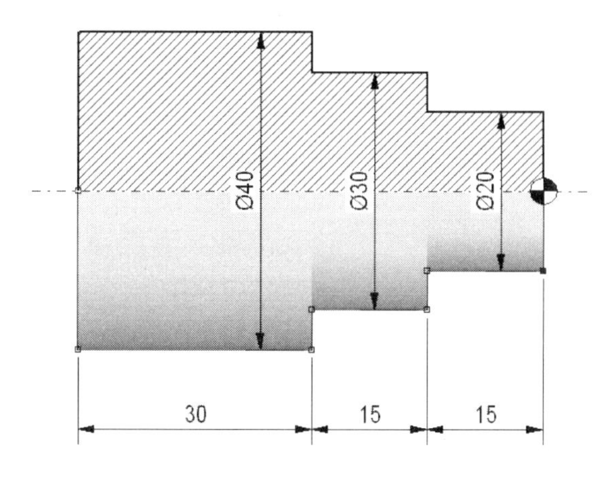

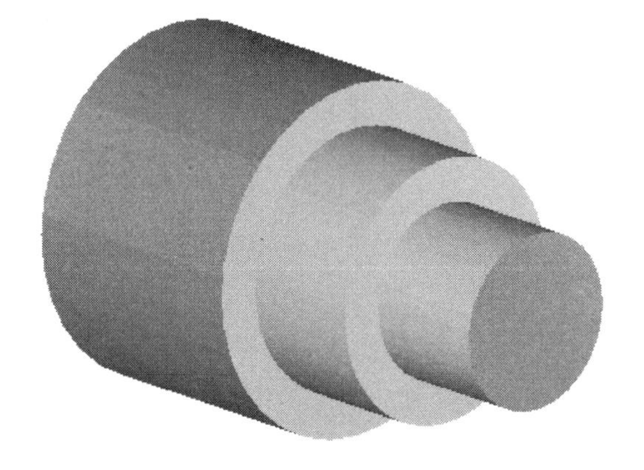

(3) 프로그램

예제 1 프로그램	예제 2 프로그램(고정 사이클 G90 이용)
O0001	O0002
G28 U0. W0. ;	G28 U0. W0. ;
G50 S2800 T0100 ;	G50 S2800 T0100 ;
G96 S180 M03 ;	G96 S180 M03 ;
G00 X42. Z0.1 T0101 M08 ;	G00 X42. Z0.1 T0101 M08 ;
G01 X0. F0.5 ;	G01 X0. F0.5 ;
G00 X36. W1. ;	G00 X42. Z2. ;
G01 Z-29.9 ;	G90 X36. Z-29.9 ;
G00 U2. Z2. ;	X32. ;
G00 X32. ;	X26. Z-14.9;
G01 Z-29.9 ;	X22. ;
G00 U2. Z2. ;	X20.9 ;
G00 X26. ;	
G01 Z-14.9 ;	
G00 U2. Z2. ;	
G00 X22. ;	
G01 Z-14.9 ;	(이 부분을 줄여서 간단히 작성할 수 있다.)
G00 U2. Z2. ;	
G00 X20.9 ;	
G01 Z-14.9 ;	
G00 U2. Z2. ;	
G00 X100. Z50. M09 ;	G00 X100. Z50. M09 ;
G00 X20. Z5. T0303 M08 ;	G00 X20. Z5. T0303 M08 ;
G01 X0. F0.25 ;	G01 X0. F0.25 ;
G00 X20. Z2. ;	G00 X20. Z2. ;
G01 Z-15. ;	G01 Z-15. ;
X30. ;	X30. ;
Z-30. ;	Z-30. ;
X41. ;	X41. ;
G00 X100. Z50. T0100 M09 ;	G00 X100. Z50. T0100 M09 ;
M05 ;	M05 ;

3. 단일형 고정사이클을 이용한 나사절삭

(1) 지령형식

G92 X(U)____ Z(W)____ F____ ;

X(U)____ Z(W)____ ; 실제 가공 치수(가공점 끝의 좌표값)

F ; 나사의 리드

*나사 사이클을 취소하려면 G00또는 G01 지령을 한다.

(2) 도면 및 모델

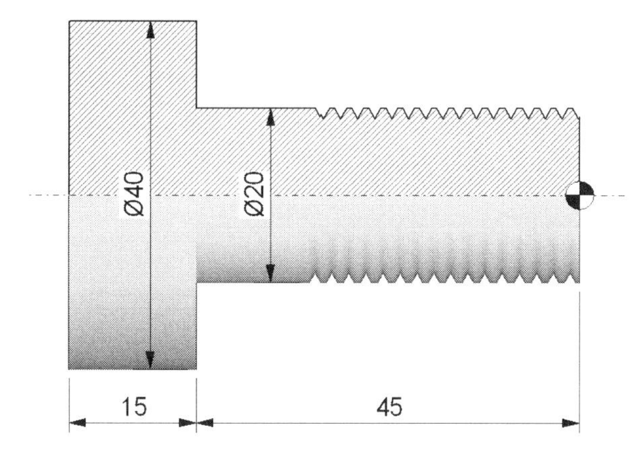

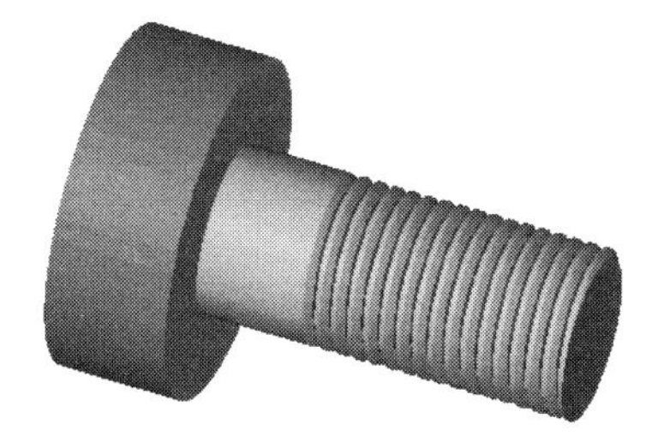

(3) 작업 조건표 및 프로그램

가) 작업 조건표

작업 조건표							
순서	공정명	공구번호 (보정번호)	절삭 속도	이송 속도	절입량 (직경)	소재 치수	ϕ40×60
1	외경 황삭	T0101	180	0.25	5mm		
2	외경 나사	T0707		리드 2	조견표	재질	SM20C

나) 프로그램

O0003	G92 X19.3 Z-32. F2.
G28 U0. W0.	X18.8
G50 S2500 T0100	X18.42
G96 S180 M03	X18.18
G00 X41. Z2. T0101 M08	X17.98
G90 X35. Z-45. F0.25	X17.82
X30.	X17.72
X25.	X17.62
X20.	G00 X100. Z50. T0100 M09
G00 X100. Z50. T0100 M09	M05
T0700	M30
G00 X24. Z2. T0707 M08	

4. 원호 및 복합형 고정사이클 절삭

(1) 지령형식

복합형 고정 사이클

G71 U(△d) R(e) ;

G71 P(ns) Q(nf) U(△u) W(△w) F__ ;

△d ; 1회 절입량, e ; 도피량

ns ; 가공 형상 프로그램 블록의 시작번호

nf ; 가공 형상 프로그램 블록의 끝번호

* P10 Q20 =문번호 N10과 N20 사이의 내용을 실행,

U(△u) W(△w) ; 마지막 남겨야할 다듬질 여유

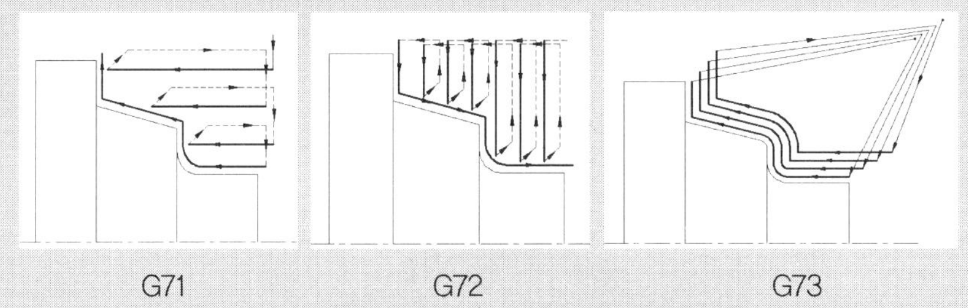

G71 G72 G73

* G72는 단면 절삭이라는 것만 다르다.

폐 루프 사이클

G73 U(i) W(k) R(d) ;

G73 P__ Q__ U(△u) W(△w) F__ S__ T__ ;

i ; X축 방향 도피거리, k ; Z축 방향 도피거리, d ; 분할 회수

△u ; X축 방향의 정삭여유 △w ; Z축 방향의 정삭여유

정삭가공

G70 P(ns) Q(nf) ;

(ns)~(nf) 사이의 프로그램 내용으로 다듬질 가공

(2) 도면 및 모델

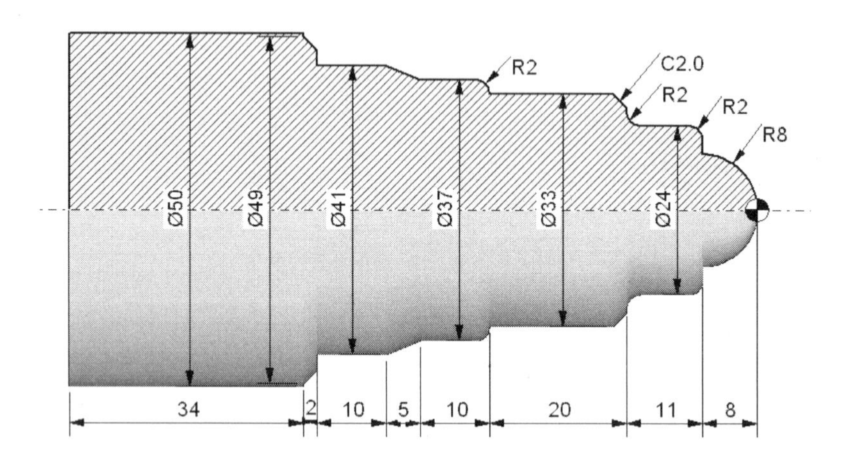

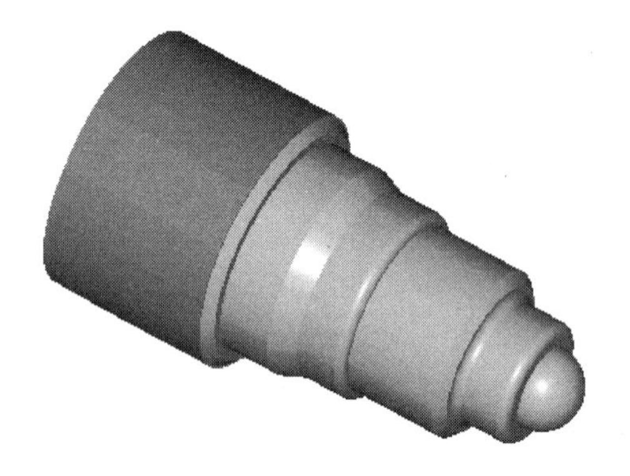

(3) 프로그램

O0004 ;	
G28 U0 W0 ;	
G50 S1800 T0100 ;	
G96 S180 M03 ;	
G00 X53.0 Z5.0 T0101 ;	
G71 U2.0 R0.5 ;	한번 절삭량 2mm, 도피량 0.5mm
G71 P10 Q20 U0.4 W0.2 F0.2 ;	N10번~ N20번 사이의 코드 반복
N10 X-2.0 ;	문번호는 N 코드 다음에 임의로 정한다. 물론 N10, N100처럼 적을 수도 있다.
G01 Z0 ;	
X0 ;	
G03 X16.0 Z-8.0 R8.0 ;	
G01 X20.0 ;	
G03 X24.0 Z-10.0 R2.0 ;	
G01 Z-17.0 ;	
G02 X28.0 Z-19.0 R2.0 ;	
G01 X29.0 ;	
X33.0 Z-21.0 ;	
Z-39.0 ;	
G03 X37.0 Z-41.0 R2.0 ;	
G01 Z-49.0 ;	
X41.0 Z-54.0 ;	
Z-64.0 ;	
X45.0 ;	
X49.0 Z-66.0 ;	
N20 X53.0 ;	
G00 X150.0 Z150.0 T0100 ;	
G96 S200 M03 T0303 ;	
G00 X53.0 Z5.0 ;	
G70 P10 Q20 F0.1 ;	N10번~ N20번 사이의 프로그램대로 정삭가공
G00 X150.0 Z150.0 T0300 ;	
M05 ;	
M30 ;	

5. 복합형 나사 절삭하기

(1) 지령형식

G76 P(m)(r)(a) Q(△dmin) R(d) ;
G76 X___ Z___ R(i) P(k) Q(△d) F(L) ;

P(m)(r)(a) 세 가지를 주소 P 다음에 한꺼번에 입력한다. 그 의미는
m ; 정삭가공 횟수(보통은 정삭을 1회 ~ 2회 정도면 된다.)
r ; champer 량(45° 로 모따기 하려면 10을 입력한다.)
a ; 나사산의 각도(미터나사는 60° 이므로 60으로 입력한다.)
예) P011060 의 의미는 정삭 1회, 모따기 45° , 나사산 60°
Q (△dmin) ; 최소 절입량. 반경값으로 입력, 소수점 사용 불가.
R (d) ; 정삭 여유(반경값) R20이면 0.02mm(반경값)
X___ ; 나사의 최종 골지름
Z___ ; 나사 가공 길이(모따기 부분을 합한 길이)
R(i) ; 테이퍼 나사의 경우 테이퍼 량 (0이면 직선)
P(k) ; 나사산의 높이(반경값)
Q(△d) ; 첫 번째 절입량(반경값)
F(L) ; 나사의 리드

G76 P011060 Q50 R20 ;
*P(01)(10)(60)=(정삭1회)(모따기45°)(산60°)

G76 X28.28 Z-33. P890 Q350 F1.5
*X28.28 Z-33. = 골지름 치수 및 나사길이
*P890=절입 조견표 피치 1.5의 산 높이 0.89
*Q350=조견표 피치 1.5의 1차 절입량 0.35

나사 가공 절입 조건표

60° 미터나사									
피 치	1	1.25	1.5	1.75	2	2.5	3	3.5	4
산 높이	0.6	0.74	0.89	1.05	1.19	1.49	1.79	2.08	2.38
절입량									
1차	0.25	0.35	0.35	0.35	0.35	0.4	0.4	0.4	0.4
2차	0.2	0.19	0.2	0.25	0.25	0.3	0.35	0.35	0.35
3차	0.1	0.1	0.14	0.15	0.19	0.22	0.27	0.3	0.3
4차	0.05	0.05	0.1	0.1	0.12	0.2	0.2	0.25	0.25
5차		0.05	0.05	0.1	0.1	0.15	0.2	0.2	0.25
6차			0.05	0.05	0.08	0.1	0.13	0.14	0.2
7차				0.05	0.05	0.05	0.1	0.1	0.15
8차					0.05	0.05	0.05	0.1	0.14
9차						0.02	0.05	0.1	0.1
10차							0.02	0.05	0.1
11차							0.02	0.05	0.05
12차								0.02	0.05
13차								0.02	0.02
14차									0.02

UN 60°									
산/인치	32	28	24	20	18	16	14	13	12
산 높이	0.52	0.62	0.71	0.83	0.93	1.03	1.17	1.26	1.36
절입량									
1차	0.17	0.17	0.19	0.20	0.23	0.22	0.23	0.25	0.27
2차	0.15	0.15	0.17	0.19	0.21	0.21	0.22	0.24	0.26
3차	0.12	0.12	0.15	0.14	0.16	0.16	0.17	0.18	0.20
4차	0.08	0.10	0.12	0.12	0.13	0.13	0.14	0.15	0.16
5차		0.08	0.08	0.10	0.12	0.12	0.12	0.13	0.14
6차				0.08	0.08	0.11	0.11	0.12	0.13
7차						0.08	0.10	0.11	0.12
8차							0.08	0.08	0.08

(2) 도면 및 모델

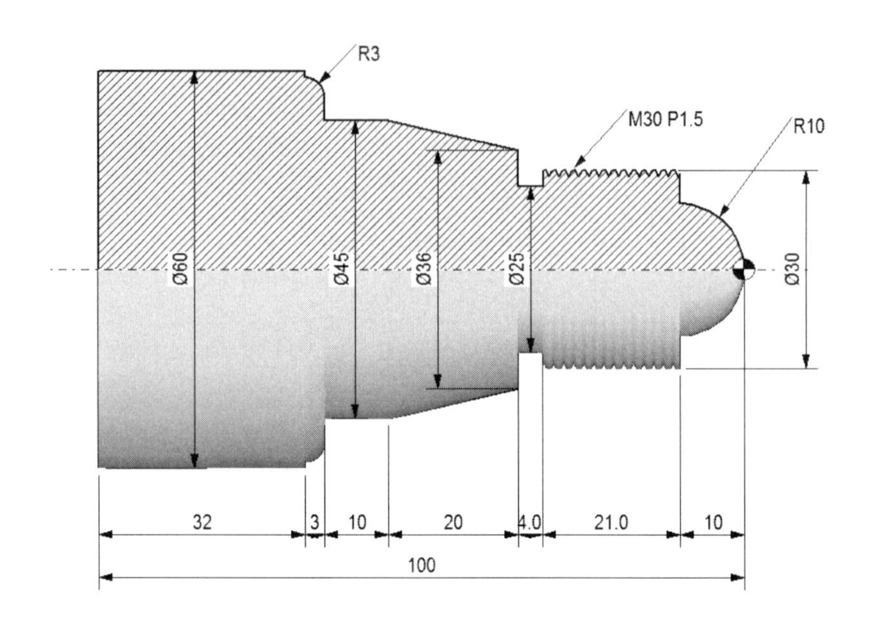

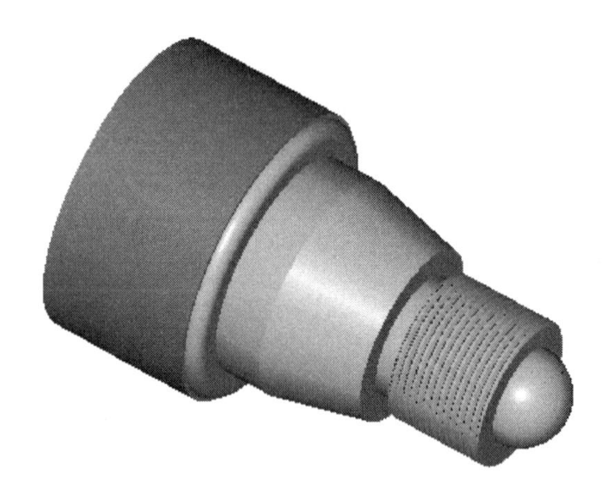

(3) 프로그램

O0005 G28 U0. W0. G50 S1300 T0100 G96 S130 M03 G00 X60. Z1. T0101 M08 G71 U2. R1. G71 P10 Q20 U0.4 W0.1 F0.2 N10 G01 X0. Z0. G03 X20. Z-10. R10. G01 X30. Z-35. X36. X45. Z-55. Z-65. X52. G03 X58. Z-68. R3. N20 G01 X60. G00 X150. Z200. T0100 M09 T0300 G00 X60. Z1. T0303 M08 G70 P10 Q20 G00 X150. Z200. T0300 M09	T0500 G00 X38. Z-35. S2500 T0505 G96 S120 M03 G01 X27. F0.08 M08 U0.5 F2. X25. F0.08 G01 X38. F2. G00 X150. Z200. T0500 M09 T0700 G97 S1590 M03 M08 G00 X32. Z-8. S2000 T0707 **G76 P011060 Q50 R20** **G76 X28.28 Z-33. P890 Q350 F1.5** G00 X150. Z200. T0700 M09 M05 M30 **G76 P011060 Q50 R20 ;** *P(01)(10)(60)=(정삭1회)(모따기45°)(산60°) **G76 X28.28 Z-33. P890 Q350 F1.5** *X28.28 Z-33. = 골지름 치수 및 나사길이 *P890=절입 조견표 피치 1.5의 산 높이 0.89 *Q350=조견표 피치 1.5의 1차 절입량 0.35

6. 복합 가공하기(1)

(1) 도면 및 모델

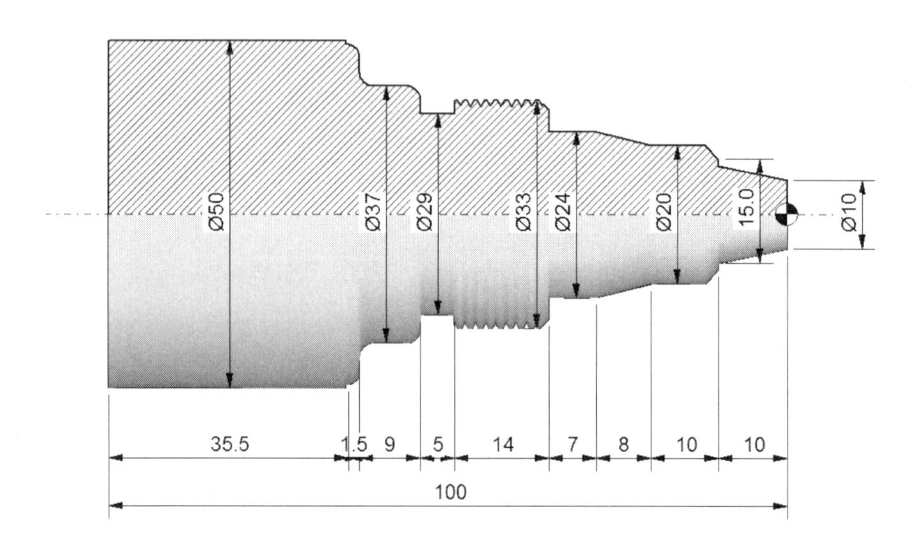

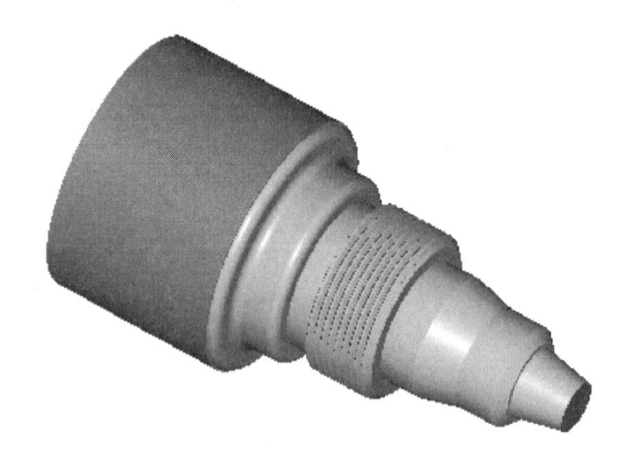

(2) 프로그램

```
O0006
G28 U0.0 W0.0
G50 S1800 T0100
G96 S180 M03
G00 X53.0 Z5.0 T0101
G71 U2.0 R0.5
G71 P10 Q20 U0.4 W0.2 F0.2
N10 X-2.0
G01 Z0.0
X10.0
X14.0 Z-10.0
X16.0
X20.0 Z-12.0
Z-20.0
X24.0 Z-28.0
Z-35.0
X30.0
X33.0 Z-36.5
Z-54.0
G03 X37.0 Z-56.0 R2.0
G01 Z-61.0
G02 X41.0 Z-63.0 R2.0
G01 X45.0
G03 X49.0 Z-65.0 R2.0
N20 G01 X53.0
G00 X150.0 Z150.0 T0100
G96 S200 M03 T0303
G00 X53.0 Z5.0
G70 P10 Q20 F0.1
G00 X150.0 Z150.0 T0300
G97 S500 M03 T0505
G00 X40.0 Z-54.0
G01 X29.0 F0.08
G04 P1500
G01 X40.0
Z-52.0
X29.0
G04 P1500
G01 X40.0
G00 X150.0 Z150.0 T0500
G97 S500 M03 T0707
G00 X35.0 Z-31.0
G76 P011060 Q50 R20
G76 X31.22 Z-51.0 P1190 Q350 F1.5
G00 X150.0 Z150.0 T0700
M05
M30
```

7. 복합가공하기(2)

(1) 도면 및 모델

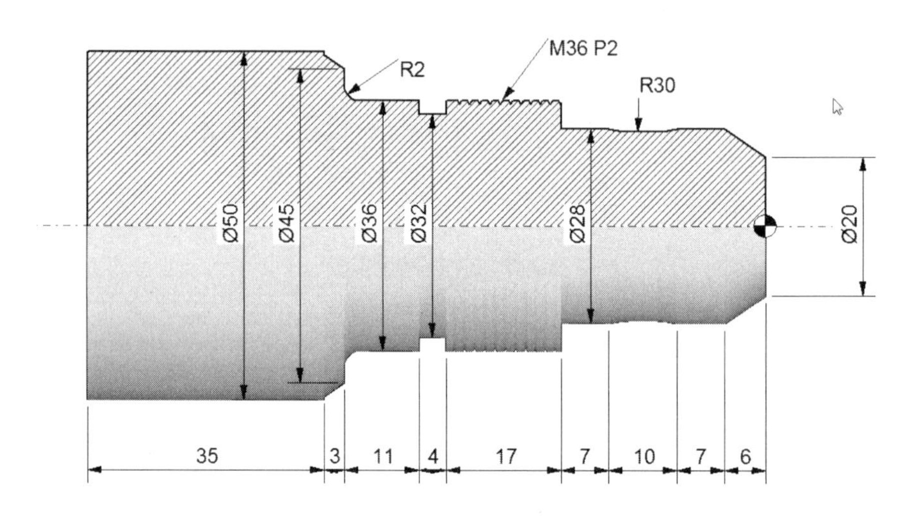

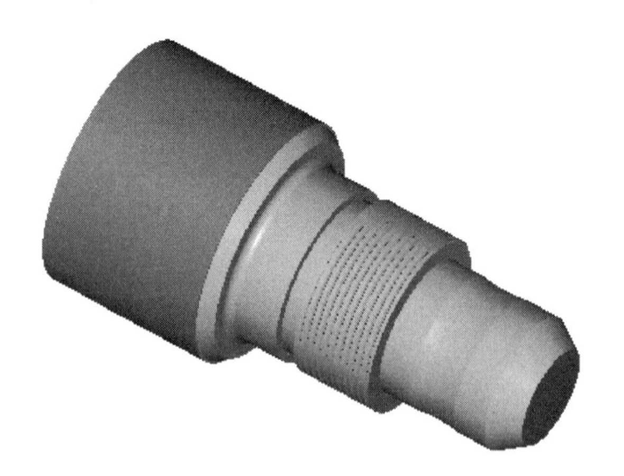

(2) 도면 및 모델

```
O0007
G28 U0.0 W0.0
G50 S1800 T0100
G96 S180 M03
G00 X55.0 Z5.0 T0101
G71 U2.0 R0.5
G71 P10 Q30 U0.4 W0.2 F0.2
N10 G00 Z-65.0
G01 X49.0
X45.0 Z-62.0
X40.0
G03 X36.0 Z-60.0 R2.0
G01 Z-30.0
X28.0
Z-23.0
G03 Z-13.0 R30.0
G01 Z-6.0
N30 X20.0 Z0.0
G00 X150.0 Z150.0 T0100
G96 S200 M03 T0303
G00 X55.0 Z5.0
G70 P10 Q30 F0.1
G00 X150.0 Z150.0 T0300
G96 S400 M03 T0505
G00 X38.0 Z-51.0
G01 X32.0 F0.07
G04 P1500
G00 X38.0
Z-50.0
G01 X32.0 F0.7
G04 P1500
G00 X38.0
G00 X150.0 Z150.0 T0500
G96 S500 M03 T0707
G00 X40.0 Z-28.0
G76 P011060 Q50 R20
G76 X34.994 Z-48.0 P1190 Q350 F1.5
G00 X150.0 Z150.0 T0700
M05
M30
```

8. 복합 가공하기(3)

(1) 도면 및 모델

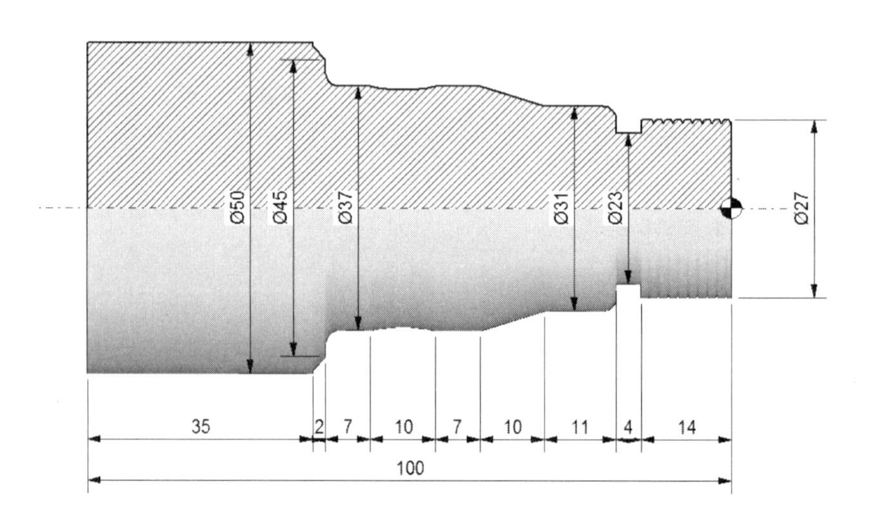

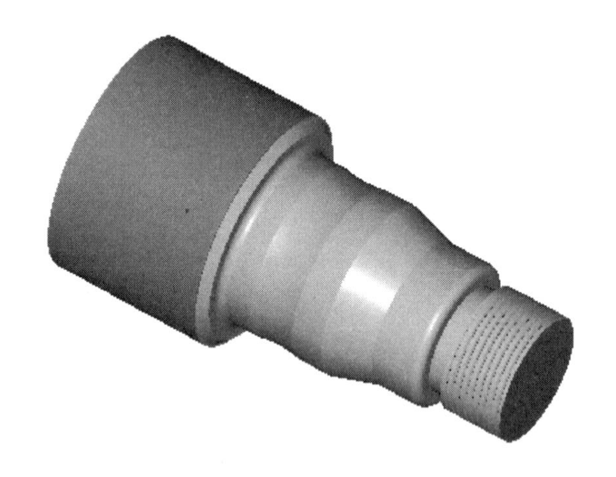

(2) 프로그램

O0008	G96 S200 M03 T0303
G28 U0.0 W0.0	G00 X55.0 Z5.0
G50 S1800 T0100	G70 P10 Q30 F0.1
G96 S180 M03	G00 X150.0 Z150.0 T0300
G00 X55.0 Z5.0 T0101	G96 S400 M03 T0505
G71 U2.0 R0.5	G00 X33.0 Z-18.0
G71 P10 Q30 U0.4 W0.2 F0.2	G01 X23.0 F0.07
N10 G00 Z-65.0	G04 P1500
G01 X49.0	G00 X33.0
X45.0 Z-63.0	Z-17.0
X41.0	G01 X23.0 F0.7
G03 X37.0 Z-61.0 R2.0	G04 P1500
G01 Z-56.0	G00 X33.0
G03 Z-46.0 R25.0	G00 X150.0 Z150.0 T0500
G01 Z-39.0	G96 S500 M03 T0707
X31.0 Z-29.0	G00 X30.0 Z2.0
Z-20.0	G76 P011060 Q50 R20
G02 X27.0 Z-18.0 R2.0	G76 X25.994 Z-15.0 P1190 Q350 F1.5
N30 G01 Z0.0	G00 X150.0 Z150.0 T0700
G00 X150.0 Z150.0 T0100	M05
	M30

9. 복합 가공하기(4)

(1) 도면 및 모델

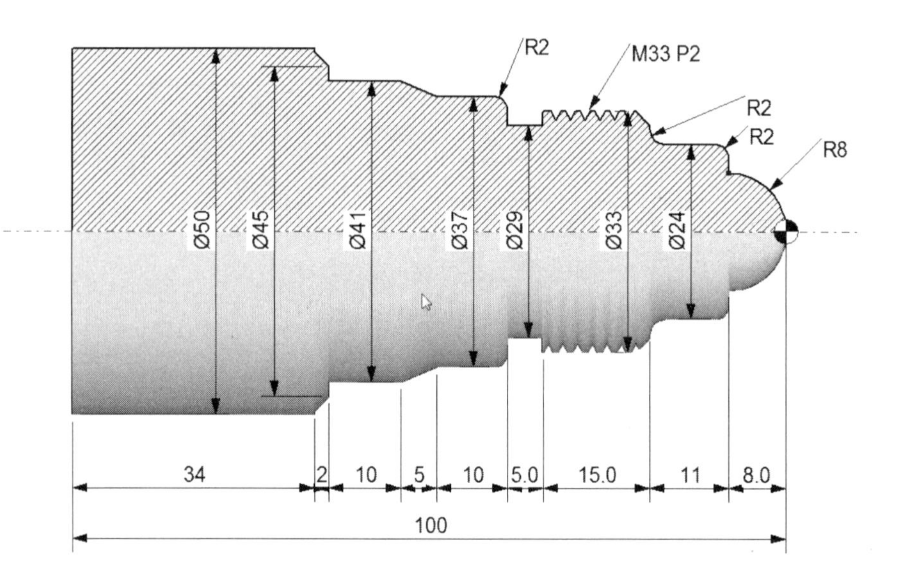

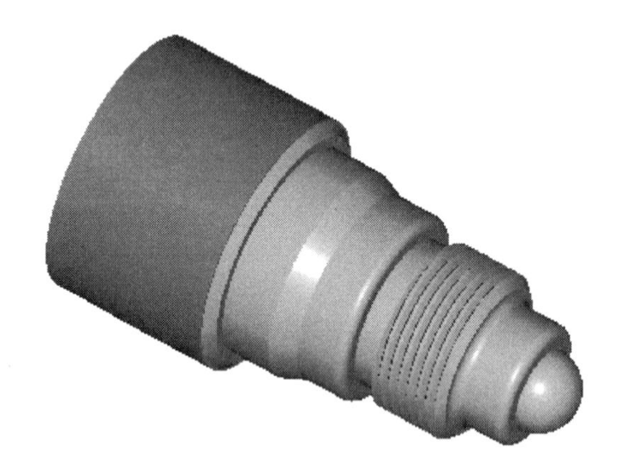

(2) 프로그램

```
O0009
G28 U0 W0
G50 S1800 T0100
G96 S180 M03
G00 X53.0 Z5.0 T0101
G71 U2.0 R0.5
G71 P10 Q20 U0.4 W0.2 F0.2
N10 X-2.0
G01 Z0
X0
G03 X16.0 Z-8.0 R8.0
G01 X20.0
G03 X24.0 Z-10.0 R2.0
G01 Z-17.0
G02 X28.0 Z-19.0 R2.0
G01 X29.0
X33.0 Z-21.0
Z-39.0
G03 X37.0 Z-41.0 R2.0
G01 Z-49.0
X41.0 Z-54.0
Z-64.0
X45.0
X49.0 Z-66.0
N20 X53.0
G00 X150.0 Z150.0 T0100
G96 S200 M03 T0303
G00 X53.0 Z5.0
G70 P10 Q20 F0.1
G00 X150.0 Z150.0 T0300
G97 S500 M03 T0505
G00 X40.0 Z-39.0
G01 X29.0 F0.08
G04 P1500
G01 X40.0
Z-37.0
X29.0
G04 P1500
G01 X40.0
G00 X150.0 Z150.0 T0500
G97 S500 M03 T0707
G00 X35.0 Z-15.0
G76 P011060 Q50 R20
G76 X30.62 Z-36.0 P1190 Q350 F2.0
G00 X150.0 Z150.0 T0700
M05
M30
```

10. 복합 가공하기(5)

(1) 도면 및 모델

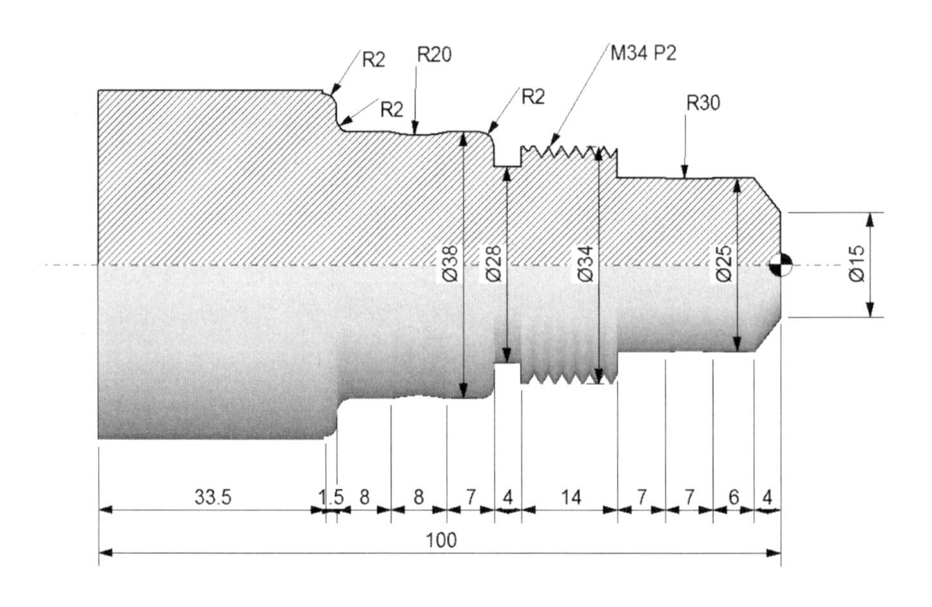

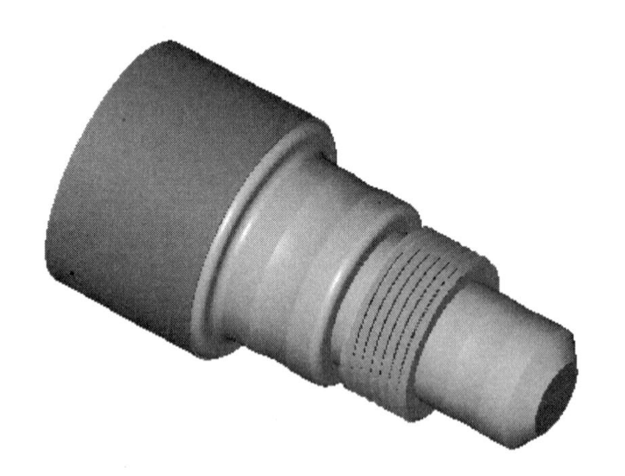

(2) 프로그램

```
O0030
G28 U0 W0
G50 X300.0 Z385.0 S1800 T0100
G96 S180 M03
G00 X55.0 Z5.0 T0101
G71 U2.0 R0.5
G71 P10 Q30 U0.4 W0.2 F0.2
N10 X15.0
G01 X15.0 Z0.0
G01 Z-4.0 X25.0
Z-10.0
G02 Z-17.0 R30.0
G01 Z-24.0
X34.0
Z-42.0
G03 X38.0 Z-44.0 R2.0
G01 Z-49.0
G02 Z-57.0 R20.0
G01 Z-63.0
G02 X42.0 Z-65.0 R2.0
G01 X45.0
N30 G03 X49.0 Z-67.0 R2.0
G00 X150.0 Z150.0 T0100
G96 S200 M03 T0303
G00 X55.0 Z5.0
G70 P10 Q30 F0.1
G00 X150.0 Z150.0 T0300
G96 S400 M03 T0505
G00 X40.0 Z-42.0
G01 X28.0 F0.07
G04 P1500
G00 X40.0
Z-41.0
G01 X28.0 F0.7
G04 P1500
G00 X40.0
G00 X150.0 Z150.0 T0500
G96 S500 M03 T0707
G00 X34.0 Z-22.0
G76 P011060 Q50 R20
G76 X30.663 Z-39.0 P1190 Q350 F2.0
G00 X150.0 Z150.0 T0700
M05
M30
```

머시닝센터 조작 및 가공

3.1 머시닝 센터의 개요

1. 머시닝센터의 종류

머시닝센터에는 여러 종류가 있지만 주축의 방향에 따라 크게 수직형 머시닝센터와 수평형 머시닝센터로 구분하며, 주로 부품의 평면, 원호, 홈, 드릴링, 보링, 태핑 및 캠과 같은 입체 절삭, 복합곡면으로 구성된 복잡한 곡면 등의 다양한 작업을 할 수 있다.

2. 머시닝센터의 구조

머시닝센터의 주요 구성 요소는 주축대, 베이스와 컬럼, 테이블 및 이송기구, 조작판넬, 제어장치 및 서보기구, 전기회로 장치, 자동공구 교환장치 등으로 구성되어 있다.

(1) 주축대

공구를 고정하고 회전시켜주는 역할을 한다. 대부분 공압을 이용하여 공구를 고정한다.

(2) 베이스와 컬럼

주축대와 테이블을 지지하는 새들이 부착되어 있는 부분을 말한다.

(3) 테이블 및 이송기구

테이블에는 T홈이 있어 바이스 및 각종 고정구를 이용하여 가공물을 고정하기 쉽게 되어있고 이 테이블을 전후, 좌우로 이송할 수 있는 이송기구가 있다.

(4) 조작판넬

기계를 움직이는데 필요한 각종 스위치, 핸들, 레버 등이 부착되어 있고 프로그램들을 입력, 수정 등을 할 수 있는 여러 개의 키로 구성되어 있어 기계를 조작하는 역할을 수행하는 판넬이다. 같은 컨트롤러를 사용하는 공작기계라도 제작 회사에 따라 스위치의 종류와 모양, 위치 등이 다르게 되어 있는 경우가 많다. 그러나 기본 기능은 거의 같으므로 기종이 다른 조작판넬이라도 조작 방법은 동일하거나 거의 비슷하다.

(5) 자동공구 교환장치(ATC)

공구를 교환하는 암(arm)과 많은 공구가 장착되어 있는 공구 매거진

(tool magazine)으로 구성되어 있다. 매거진의 공구를 호출하는 방식으로는 순차방식(sequence type)과 랜덤방식(random type)이 있다. 순차방식은 매거진의 포트 번호와 사용할 공구 번호가 일치하는 방식이며 랜덤 방식은 사용자가 사용할 공구 번호를 지정하여 매거진에 장착하면 매거진의 빈 포트 중에서 가장 빠른 포트에 공구를 장착시켜주므로 포트 번호와 공구 번호가 일치하지 않는다. 사용자는 포트 번호에 신경 쓸 필요 없이 필요한 공구 번호만 호출하면 된다.

3. 머시닝센터의 절삭조건

(1) 절삭속도

절삭 속도란 가공물과 절삭공구 사이에 발생하는 상대 속도를 말하며 1분 동안 공구가 절삭한 길이를 m로 표시한다. 절삭속도는 가공물의 재질, 공구의 재질, 작업 형태 등에 따라 가장 적합한 절삭 속도를 선정하여 작업해야 작업능률이나 정밀도가 좋아지는데, 이러한 적절한 작업속도는 대개 공구 제작회사에서 실험과 연구를 통하여 구한 값을 제공하므로 이를 이용하면 된다.

회전체를 가공할 때의 절삭속도(V)는 다음과 같다.

$$V = \frac{\pi D N}{1{,}000} \ (\mathrm{m/min})$$

여기서, D : 커터의 지름 (mm)

N : 회전수 (rpm)

(2) 이송속도

이송 속도 F는 절삭중 공구와 공작물 사이의 상대운동의 크기를 말하며 일반적으로 날이 하나인 공구를 사용하는 선반의 경우는 회전당 이송을 허용하지만 날이 2개 이상인 공구를 사용할 경우에는 분당 이송을 사용한다.

$$F = f_z \cdot Z \cdot N$$

여기서 F : 분당 이송 (mm/min)

f_z : 날당 이송 (mm/날)

Z : 날 수

N : 회전수 (rpm)

공구의 절삭속도 조견표에는 대개 회전당 이송 거리를 표시하므로 이를 분당 이송으로 환산하여 이용해야 한다.

▶ 드릴, 리머, 카운터싱크, 카운터보어 등의 경우

F(mm/min) = N(rpm) × f(mm/rev)

▶ 밀링 커터의 경우

F(mm/min) = N(rpm) × f_z(mm/날)

▶ 태핑 및 나사 절삭의 경우

F(mm/min) = N(rpm) × 나사의 피치

(3) 상향절삭과 하향절삭

가) 상향절삭

공작물의 이송 방향과 커터의 회전방향이 반대인 절삭이다. 절삭이 시작되는 점에서 공작물과 공구의 마찰이 심하여 공구의 마모가 크므로 공구의 수명이 짧아지고 가공면에는 물결무늬 같은 가공 흔적이 많이 남는다.

나) 하향절삭

공작물의 이송 방향과 커터의 회전방향이 같은 절삭이다. 가공물과 공작물 사이의 마찰이 적어 열에 의한 영향이 적고 공구의 수명이 길며 가공면도 우수하므로 바람직한 방법이다.

테이블이 흔들리거나 주축의 강성이 부족하면 커터가 파손될 위험이 크다. 따라서 범용 밀링머신의 경우 백래시 제거 장치 등을 사전 점검해야 한다. 머시닝센터의 경우에는 볼스크류를 사용하므로 특별히 문제가 되지 않는다.

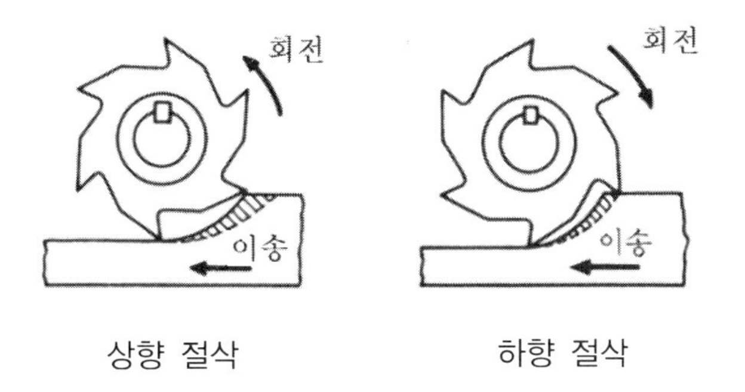

상향 절삭　　　　하향 절삭

4. 머시닝센터 공구

(1) 절삭공구의 선정

머시닝센터에서 사용되는 공구는 작업의 종류에 따라 밀링커터, 엔드밀, 드릴, 카운터싱크, 카운터보어, 탭 등 다양한 공구가 사용된다.

여기서는 실습에 가장 많이 사용되는 밀링커터와 엔드밀을 선정할 때 고려해야할 내용을 간단히 설명하였다.

가) 밀링 커터

공구홀더를 선정할 때는 절삭력에 충분히 견딜 수 있도록 크기와 형상을 고려하여 선정한다.

공구홀더 역시 제작회사에서 규격품으로 생산 판매되므로 가공 부위의 형상 등을 고려하여 적합한 것을 선택한다.

나) 엔드밀

인서트팁 역시 제작회사에서 제공하는 규격을 참고로 공구홀더에 장착할 수 있는 규격을 선정해야 한다.

가공물의 재료와 절삭 조건에 적합한 인서트의 재질과 형상을 선택하되 형상을 선정할 때는 공구홀더까지 고려하여야 한다.

3.2 머시닝센터 운전 및 조작

1. V-CNC 활용법

머시닝센터를 직접 조작하기 전에 실제 기계 조작법과 상당히 유사하게 작동시킬 수 있는 시뮬레이터 중 하나인 V-CNC 프로그램을 이용하여 기본적인 조작 방법을 익히기로 한다.

자세한 V-CNC의 사용법에 대해서는 소프트웨어 회사에서 제공하는 매뉴얼을 참고하기로 하고 여기서는 필요한 동작 내용만 간단히 설명한다.

(1) 실행

① 바탕화면에 있는 실행 아이콘 클릭

② V-CNC 동영상 실행, 동영상을 건너뛰려면 ESC 키를 누른다.

③ Machining Center(머시닝센터), CNC-Lathe(CNC선반) 중에서 사용할 기계를 선택한다.

④ 해상도가 맞지 않으면 경고 창이 뜬다. 그러나 해상도에 관계없이 계속 진행할 수 있으므로 "아니오(N)"를 선택한다.

⑤ 실행 화면이 나타나면 컨트롤러를 설정한다. 메뉴의 "설정" ⇒ "기계설정" ⇒ 콘트롤러 선택 화면에서 "FANUC 0T" 선택 ⇒ "확인"

(2) 화면구성

주 화면은 반으로 나뉘어 왼쪽은 기계화면, 오른쪽은 콘트롤러 화면이 나타난다. 오른쪽은 머시닝센터와 같은 모습의 컨트롤러 조작판넬을 표시해 주며 이 조작판넬을 조작하면 왼쪽 화면의 기계가 실제로 움직이는 것과 같은 방식으로 동작한다.

V-CNC 기계동작 화면을 클릭한 다음 휠 버튼을 굴리면 화면이 확대 축소되고, 휠 버튼을 누른 상태에서 굴리지 말고 그대로 드래그하면 기계 화면이 회전한다. 화면에 기계는 보이지 않고 공작물과 공구만 보이게 하려면 마우스 오른쪽을 클릭하면 메뉴가 나타난다. 메뉴 중에 "기계보이기"를 선택 또는 선택 취소하면 된다.

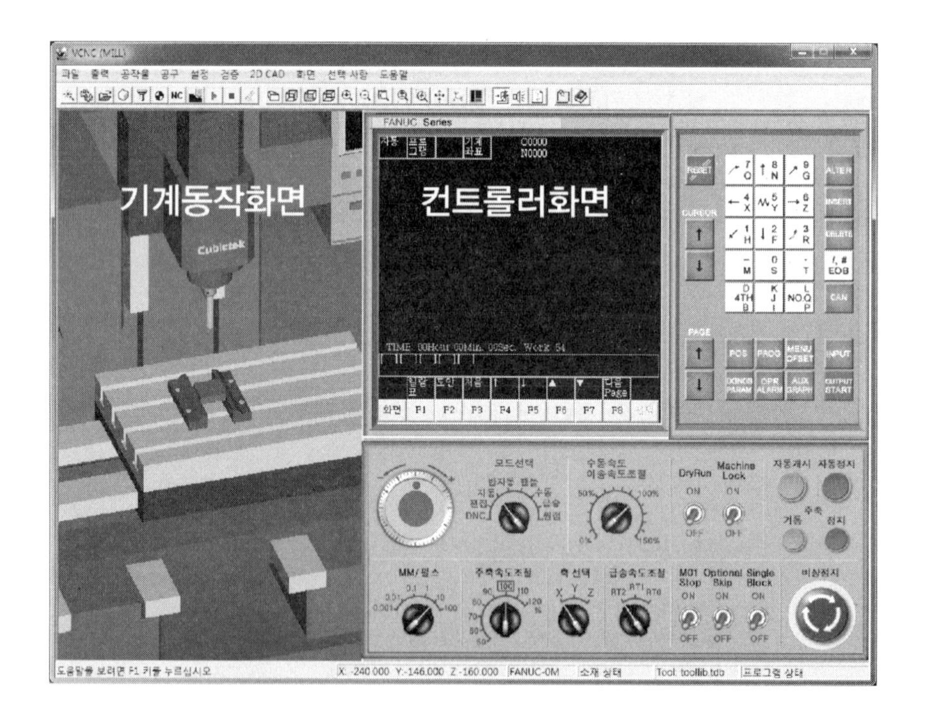

2. 원점복귀

CNC 공작기계는 각 축마다 고유의 원점을 가지고 있고, 이 원점을 기준으로 공구교환 위치나 프로그램에서 지시하는 각종 수치를 결정하는 기준이 된다. 따라서 기계의 전원을 공급하거나 비상정지 스위치를 눌렀을 때는 반드시 원점 복귀를 실시해야한다. 물론 최근의 기계들은 원점 복귀를 하지 않아도 정상대로 작동하도록 되어있는 경우가 많지만 확실한 동작을 위해 반드시 원점 복귀를 하는 것이 좋다.

(1) V-CNC를 이용한 원점복귀

① 조작 판넬의 모드선택을 **원점**으로 설정한다.

② 자동개시 버튼을 누른다.

③ 화면에 표시된 X, Y, Z 축 좌표값이 X 0.000, Y 0.000, Z 0.000으로 표시되고 축 모양의 그래프에 원점 마크(◐)가 나타난다.

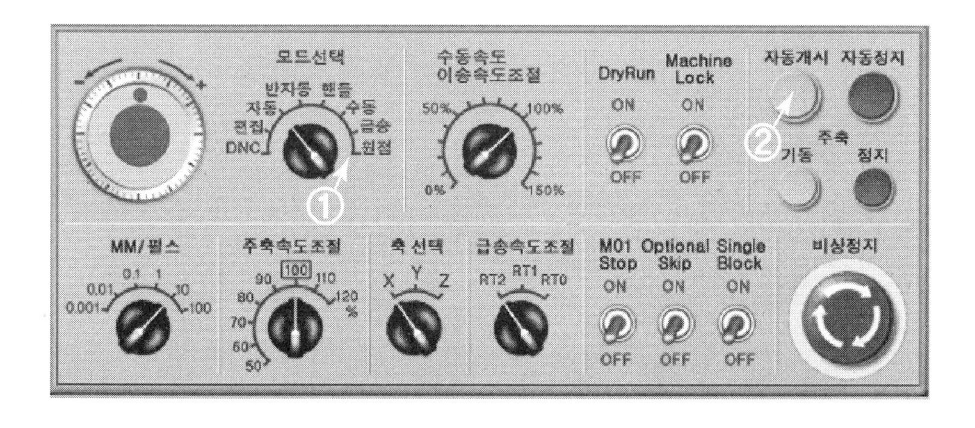

(2) FANUC 컨트롤러의 전원 공급 및 원점복귀

① 기계 뒤쪽에 위치한 강전반의 전원 스위치를 ON으로 돌린다.

② 조작 판넬의 POWER ON 버튼을 누른다.

③ 비상정지 스위치를 해제한다(스위치를 오른쪽으로 살짝 돌리면 톡하고 스위치가 튀어 올라온다).

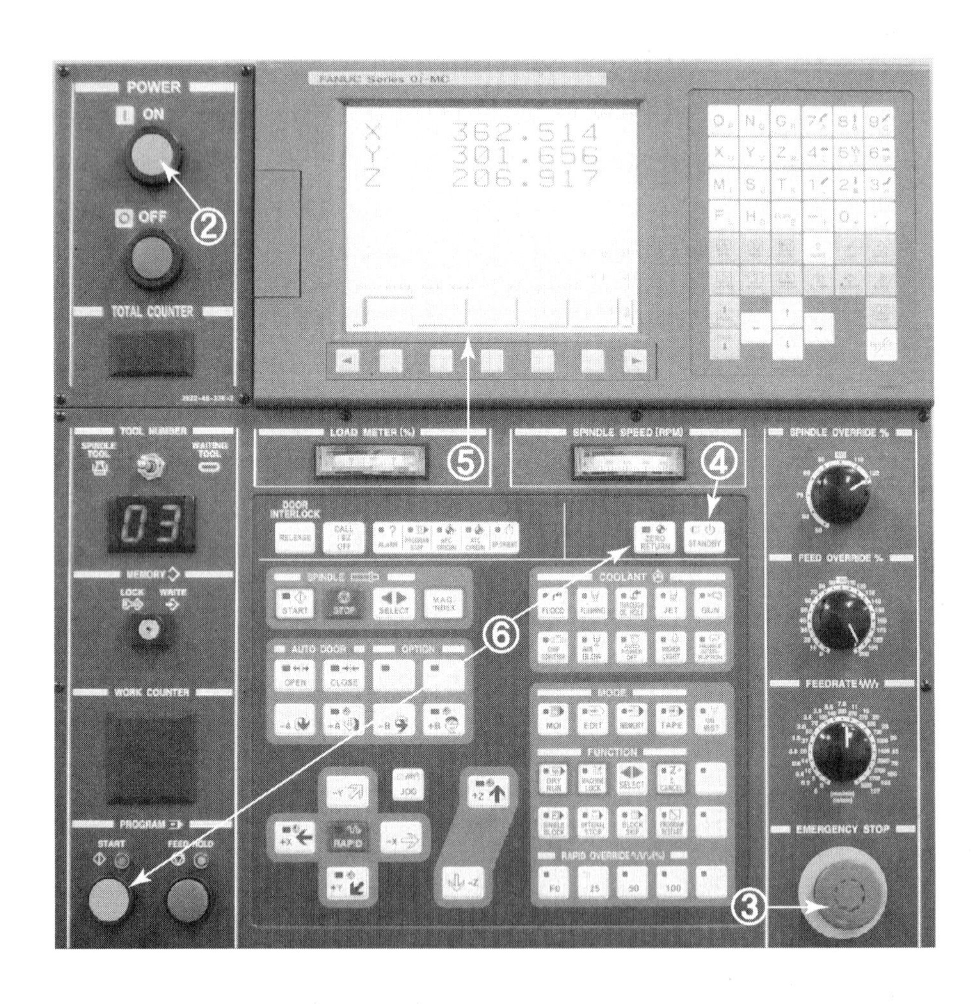

④ 준비 (STANDBY) 키를 누르면 유압 모터가 작동하는 소리가 들린다.

⑤ 모니터 화면 아랫부분에 깜빡이는 "--EMG--" 메시지가 사라질 때까지 잠시 기다린다.

⑥ 원점 복귀 (ZERO RETURN) ⇒ (START) 버튼을 누른다. 모니터 화면의 아랫부분에 표시된 (전부) 버튼을 누르면 상대좌표, 절대좌표, 기계좌표의 값이 각각 나타난다. 기계좌표 값의 X, Y, Z 좌표값이 0.000으로 바뀌면 원점 복귀가 완료된 것이다.

⑦ 완료되면 판넬의 +Z +X +Y 버튼에 불이 켜진다.

3. 핸들운전(수동운전)

(1) V-CNC를 이용한 핸들운전

① 조작 판넬의 모드선택을 **핸들**로 설정한다.

② 축 선택을 Z로 설정한다.

③ MM/펄스를 선택한다(숫자는 핸들의 1눈금 당 이동하는 거리를 나타내는 것이며 0.001 ~ 100 까지 선택할 수 있다).

④ 핸들의 가운데 원 부분을 좌클릭하면 (−)로, 우클릭하면 (+)로 움직인다. (−)쪽으로 움직여본다. (+)로 눌렀을 때 "이동구역을 벗어났다"는 에러 메시지가 뜨는 경우 "비상정지 해제"를 누르면 된다.

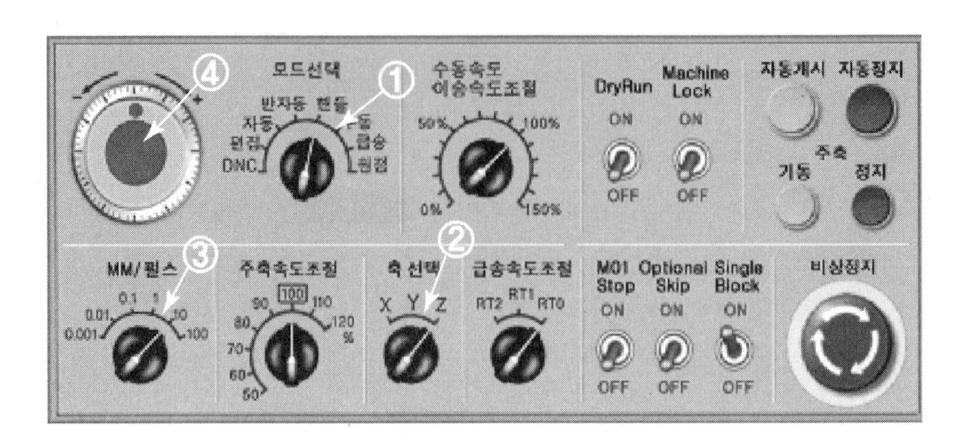

이상과 같이 조작 연습을 마쳤으면 MM/펄스의 값을 다른 것으로 선택해 보면서 핸들을 돌려 기계 화면의 엔드밀을 움직여보고, 축 선택을 X, Y, Z 중 필요한 축으로 바꾸고 MM/펄스 값도 적당히 바꾸어가면서 각 축 선택과 움직임의 관계를 파악한다.

조작 판넬의 주축 기동 버튼을 누르면 주축이 회전한다. 이 상태에서 축 선택을 X, Y, Z로 적절히 바꾸어 가면서 핸들로 천천히 이송시켜 공작물을 임의로 절삭해 본다.

(2) FANUC 컨트롤러의 핸들 운전

① 수동 펄스 발생 장치(MPG), 즉 핸들이 기계의 다음 그림과 같이 걸려있다.

② 이동할 축을 선택한다(X, Y, Z).

③ 핸들의 이동 속도를 선택한다(X1, X10, X100).

④ (+), (−) 방향을 잘 생각하고 조심스럽게 천천히 핸들을 돌려보면서

이동하려고 생각한 축과 방향이 실제 테이블의 이동 방향과 맞는지 확인해 보고 핸들을 돌린다(엄지와 중지로 MPG의 양쪽 측면에 있는 버튼을 누른 채로 핸들을 돌려야 한다).

⑤ 축의 4th, 5th 등은 부가 축을 부착했을 때 사용하는 것이고 속도의 RAPID에 맞추면 스위치를 이용하여 테이블을 급속으로 이송할 수 있다. 급속 이송은 공구 등과의 충돌이나 테이블의 이동 범위 이탈 등을 주의하여야 한다.

4. 반자동(MDI)운전

(1) V-CNC를 이용한 반자동운전

① 모드선택을 **핸들**로 설정하고 앞에서 연습한 것처럼 공작물의 왼쪽 앞부분과 공구의 끝이 가능한 가깝게 일치하도록 조작한다.

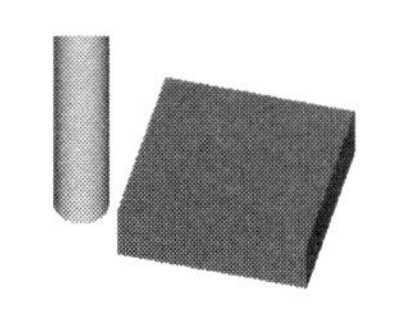

② 절삭이 되도록 하기 위해 주축 기동 버튼을 눌러 공구를 회전시키고 그림과 같이 절삭할 수 있도록 각 축을 이용하여 공구를 이동한다.

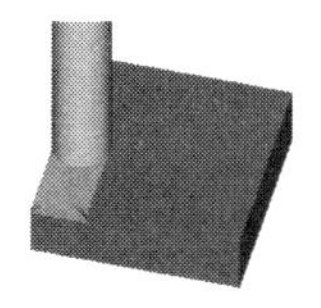

③ 모드를 반자동 으로 놓고 다음과 같이 입력하고 자동개시 버튼을 누른다.

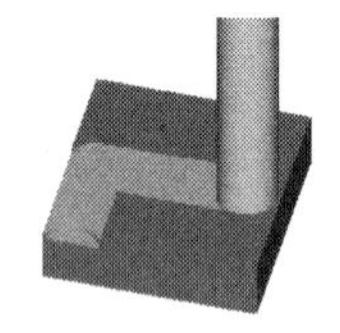

G01 G91 X50 F120 ;

(2) FANUC 컨트롤러의 반자동(MDI) 운전

반자동 연습을 위해 앞에서 익힌 원점 복귀와 핸들 운전에 대해 완전히 익히고 숙달을 해야 한다. 급속이송(G00)등을 연습할 때 기계 충돌의 위험을 방지하기 위해 급속이송 속도 조절 버튼 RAPID OVERRIDE (%) 을 F0 (F0) 로 설정한 다음 동작이 확인되면 25 (25) 버튼을 선택한다. 핸들 운전을 이용하여 공구가 주축의 공작물에서 충분이 멀리 떨어진 위치로 이동한다.

① MDI (MDI) 버튼을 누른다.

② 키보드 판넬의 PROG (PROG)버튼을 누른다.

③ 모니터 화면에서 MDI 를 선택하고 다음과 같이 입력한다.

G97 S1500 M03

④ EOB E (EOB) ⇒ ⑤ INSERT (INSERT) ⇒ ⑥ START (START)

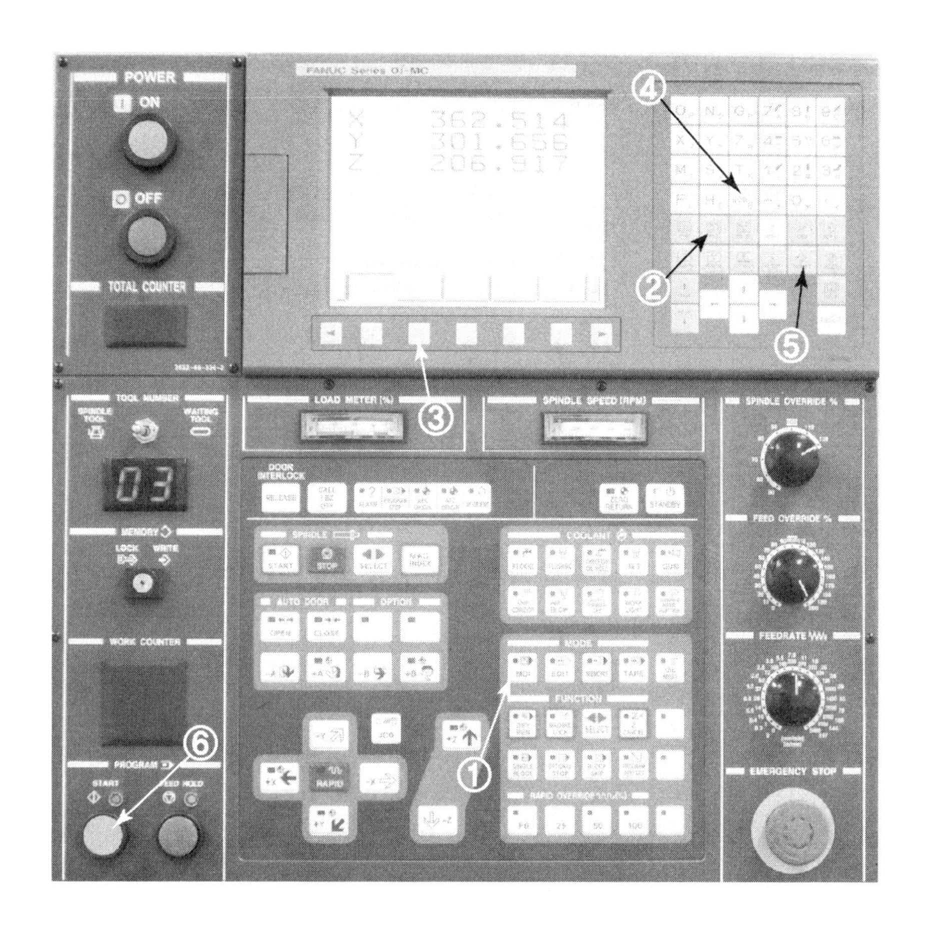

MDI(반자동) 연습 예제

01. 주축 회전 ; G97 S1500 M03 ; 정지 ; M05 ;

회전수 일정하게 1500회/분으로 정회전

02. 공구 선택 ; T0505 ; (다른 번호 선택하려면 0303처럼 입력)

5번 공구 호출하여 보정테이블의 5번에 있는 값을 적용

03. 직선 절삭 ; G01 G91 Y50. F120 ;

증분값으로 Y50만큼 피드는 120mm/분으로 직선 절삭

5. 공구장착, 교환 및 보정

우리가 NC 프로그램을 작성할 때에는 가공할 공구의 길이와 형상을 미리 생각해서 작성하지는 않는다. 그러나 실제 가공할 때에는 공구별로 길이 등의 차이가 발생하기 때문에 이 차이 값을 기계에 알려주워야 한다. 일반적으로 기준공구를 1번에 장착하고 나머지는 2번부터 필요한 번호에 필요한 공구를 장착한다. 이때 1번 공구와 다음에 사용할 공구와의 길이 등의 차이 값을 기계 보정 파라메터에 입력한다. 이러한 공구 보정하기를 Offset(옵셋)이라 한다. 공구기능은 이처럼 공구 번호와 보정 번호를 이용하여 프로그램에서 사용하는 것을 말하며 어드레스 T 다음에 2자리 숫자로 공구를 지정하고 교환을 의미하는 보조기능인 공구교환 명령 코드 "M06"을 반드시 같이 사용해야 공구가 교환된다.

머시닝센터에서는 T01 M06 처럼 사용하고 보정 값은 적당한 블록에 지름 보정은 "D01"과 같이 코드를 사용하고, 길이 보정은 "H01"과 같이 사용한다.

(1) V-CNC를 이용한 공구교환 및 보정

1번에는 평면커터(페이스커터), 2번에 드릴, 3번에는 엔드밀을 장착하고 공구 보정을 하는 작업을 하는 것으로 가정하여 사용법을 설명한다. 각각의 지름 및 길이는 다음 표와 같다. 지름 보정을 위해 사용하는 기준 공구는 10번에 장착하고, 길이 보정을 위한 기준 공구는 8번에 장착한다.

번호	종류	지름	길이
1	평면커터(페이스커터)(FM)	50	70
2	드릴 (DR)	10	100
3	평 엔드밀(FEM)	20	50
8	길이 기준봉	(관계없음)	60
10	원점 설정용 아킈센터	10	(관계없음)

처음 개념을 익히기 위해 길이와 지름을 정확하게 측정하기 위해 수동으로 작동을 하는데 V-CNC 시뮬레이터에서는 핸들로 세밀하게 맞추기가 어려워 현장방식(훈련용) 대신 자동으로 위치를 잡아주는 빠른방식(숙련용)으로 이용한다. 실제로는 핸들로 그 위치까지 이동해야 한다.

가) 공구 보정

❶	메뉴 ⇒ 공구 ⇒ 공구설정	공구 설정 검증 2D 공구설정 Ctrl+T 원점설정 Alt+T
❷	FM	공구라이브러리에서 FM 선택하여 조건에 맞도록 길이, 지름 등을 수정
❸	공구 터렛 1. FM	수정이 완료되면 공구 터렛 창의 1번으로 드래그한다.

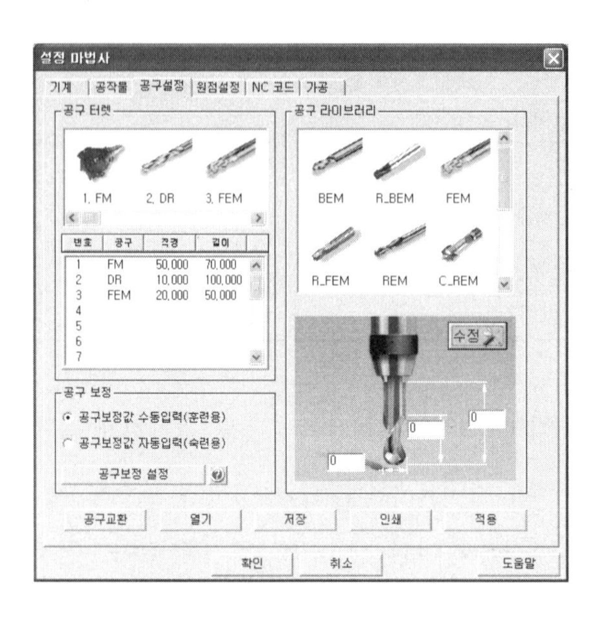

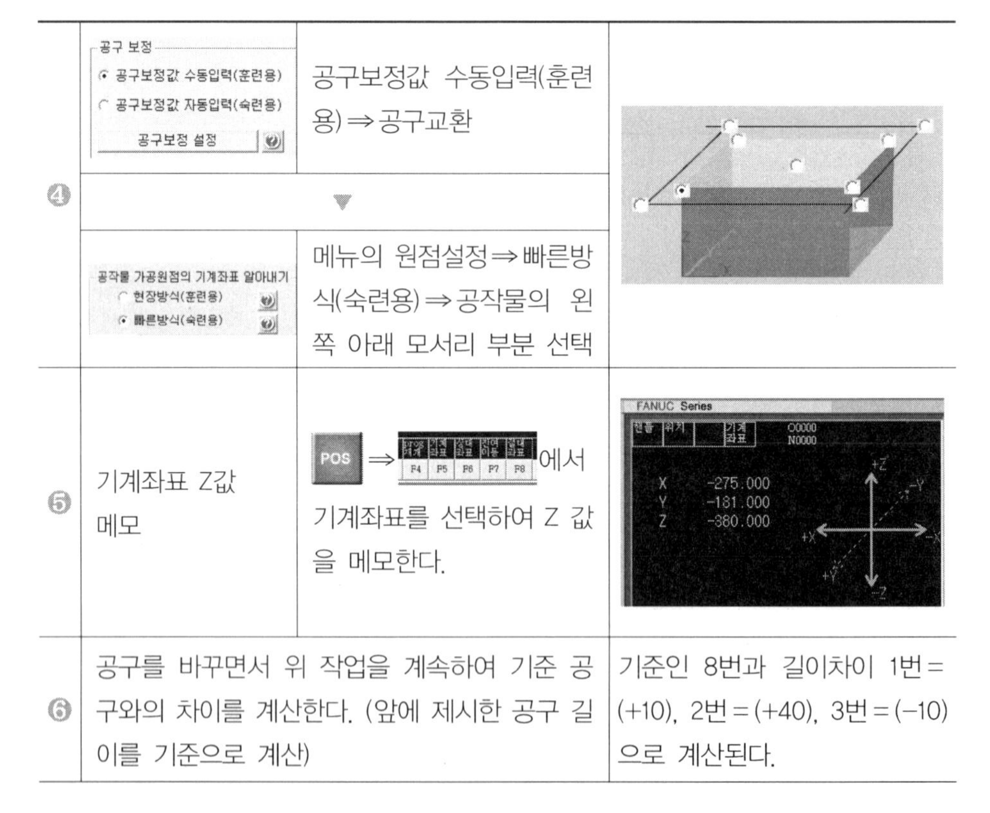

④	공구 보정 / 공구보정값 수동입력(훈련용) / 공구보정값 자동입력(숙련용) / 공구보정 설정	공구보정값 수동입력(훈련용) ⇒ 공구교환	
	▼		
	공작물 가공원점의 기계좌표 알아내기 / 현장방식(훈련용) / 빠른방식(숙련용)	메뉴의 원점설정 ⇒ 빠른방식(숙련용) ⇒ 공작물의 왼쪽 아래 모서리 부분 선택	
⑤	기계좌표 Z값 메모	POS ⇒ [F4 F5 F6 F7 F8]에서 기계좌표를 선택하여 Z 값을 메모한다.	FANUC Series / X -275.000 / Y -181.000 / Z -380.000
⑥	공구를 바꾸면서 위 작업을 계속하여 기준 공구와의 차이를 계산한다. (앞에 제시한 공구 길이를 기준으로 계산)		기준인 8번과 길이차이 1번 = (+10), 2번 = (+40), 3번 = (−10)으로 계산된다.

⑦	모드선택 "편집" ⇒ "화면" ⇒ "보정" ⇒ "일반" 선택하여 앞에서 계산한 차이 값을 해당 번호 H에 입력한다.	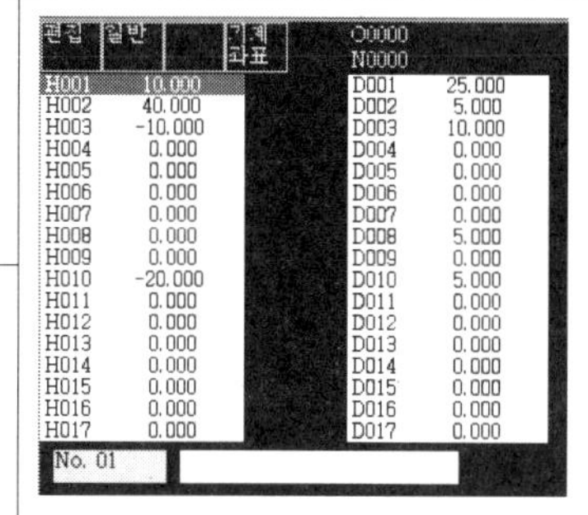
⑧	해당 번호의 지름은 보정값 입력란 D에 반경값을 입력한다.	

(2) FANUC 컨트롤러의 공구교환 및 보정

가) 공구 장착

① 공구번호를 결정한다(아래와 같이 공구 번호를 정한다).

번호	종류	지름	길이
1	평면커터(페이스커터)(FM)	50	70
2	드릴 (DR)	10	100
3	평 엔드밀(FEM)	20	50
8	길이 기준봉	(관계없음)	60
10	원점 설정용 아큐센터	10	(관계없음)

② 장착할 공구 번호를 호출한다.

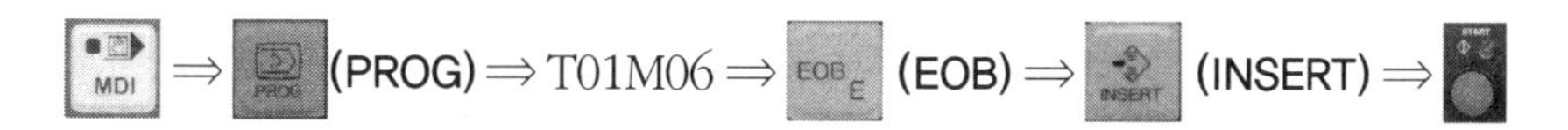

③ 공구를 수동으로 장착한다. 공구를 주축대에 끼운 다음 한 손으로 공구를 잡고 주축의 정면에 붙어 있는 UNLCAMP/LCAMP를 이용하여 장착, 탈착한다. 만약 다른 공구가 끼워져

있으면 수동으로 그 공구를 빼내고 장착하려고 했던 번호의 새 공구를 장착한다.

④ 같은 방법으로 필요한 공구를 모두 장착한다.

나) 공구 교환 및 보정

① 기준봉(08번에 장착) 호출

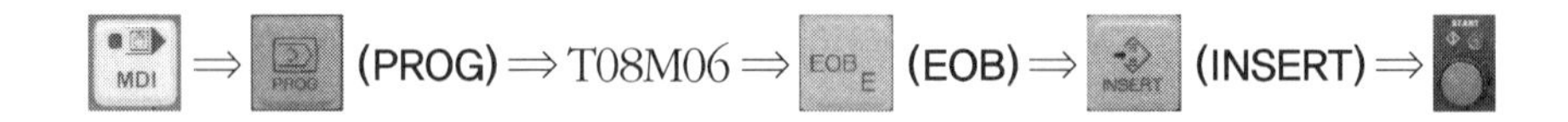

② 기준 길이 셋팅

8번 기준봉을 하이트마스터 위에서 Z 축을 조심스럽게(핸들 속도 배율을 1로 한다.) 내리면서 하이트마스터의 지침을 0에 맞춘다.

만약 하이트마스터가 없을 경우에는 얇은 종이를 표면에 붙인 다음 종이가 절삭될 만큼만 공작물 표면을 최대한 살짝 절삭하는 방법으로 평면에 접촉시킨다.

③ 8번 H 값 보정

"POS" ⇒ "상대" ⇒ "Z" ⇒ "ORIGIN" ⇒ "OFFSET/SET" ⇒ "보정" ⇒

번호 8번의 "형상(H)"에 커서 옮겨놓고⇒ "조작"⇒ "C. 입력" 버튼을 누른다.

④ 지름 보정값을 입력

같은 번호의 "형상(D)"로 커서 옮겨놓고 반지름 값을 넣고 "입력"버튼 누른다.

공구보정 O8000 N00300

번호	형상(H)	마모(H)	형상(D)	마모(D)
001	11.060	0.000	0.000	0.000
002	54.814	0.000	0.000	0.000
003	23.957	0.000	5.000	0.000
004	75.232	0.000	0.000	0.000
005	0.000	0.000	0.000	0.000
006	0.000	0.000	0.000	0.000
007	84.811	0.000	0.000	0.000
008	0.000	0.000	5.000	0.000

현재위치 (상대좌표)
X 0.000 Y 0.000
Z 0.000
S 0 L 0%
JOG **** *** *** 10:26:28
보정 셋팅 좌표계 (조작)

⑤ 1번 공구 호출

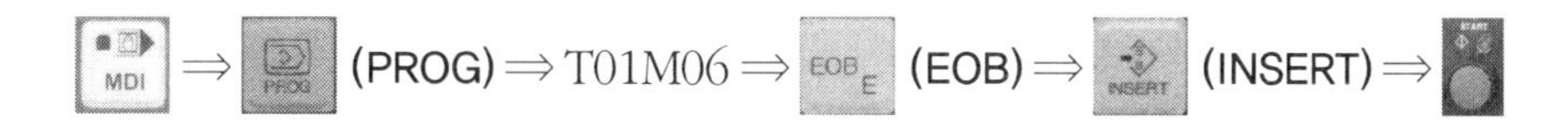

⑥ 핸들로 축을 움직여 하이트 마스터 눈금을 0으로 맞춘다.

⑦ 보정값 입력

"OFFSET/SET"⇒"보정"⇒번호 1번의 "형상(H)"에 커서 옮겨놓고

⇒ "조작" ⇒ "C. 입력" 버튼을 누른다. "형상(D)"로 커서 옮겨놓고 공구의 반지름 값 ⇒ "입력"

⑧ 같은 방법(①~⑦)으로 나머지 모든 공구의 길이 및 지름 보정 실시

자동 공구 길이 보정(공구 보정 장치 이용)

공구 8번(길이 기준봉) 호출⇒**8000번 프로그램 실행**(MEMORY 운전)
⇒ 8번 보정값 H가 자동으로 0으로 셋팅된다.
01번 공구의 보정값 자동 입력 : **M200 T01;** ⇒ **START**

6. 공작물 좌표계 설정

공작물 좌표계의 의미는 도면상의 프로그램 원점과 가공물의 원점을 일치시켜주는 것이다. 좌표계 설정 명령인 G92를 이용하는 방법을 사용했으나 최근에는 이 방법 보다 G54를 이용하는 방법을 더 많이 사용하고 있다. 머시닝센터에서 가공할 때 주로 공작물의 가운데를 원점으로 설정하거나 가공할 때 앞에서 보아 공작물의 왼쪽 앞부분의 모서리를 원점으로 설정하는 경우가 많다.

(1) V-CNC를 이용한 좌표계 설정

① 공작물 ⇒ 생성 ⇒ 공작물 크기를 입력하고 적용 ⇒ 확인을 선택하여 공작물을 장착한다.

② 공구 설정에서 길이 보정할 때 기준 공구로 사용했던 공구를 선택하고 "공구 교환"을 누른다.

③ 원점설정 ⇒ 빠른방식(숙련용) ⇒ 원점으로 정할 포인트(왼쪽 아래 모서리)를 클릭 ⇒ 가공원점 알아내기 ⇒ G54~G59사용 ⇒ 수동입력(훈련용) ⇒ 가공원점 알아내기

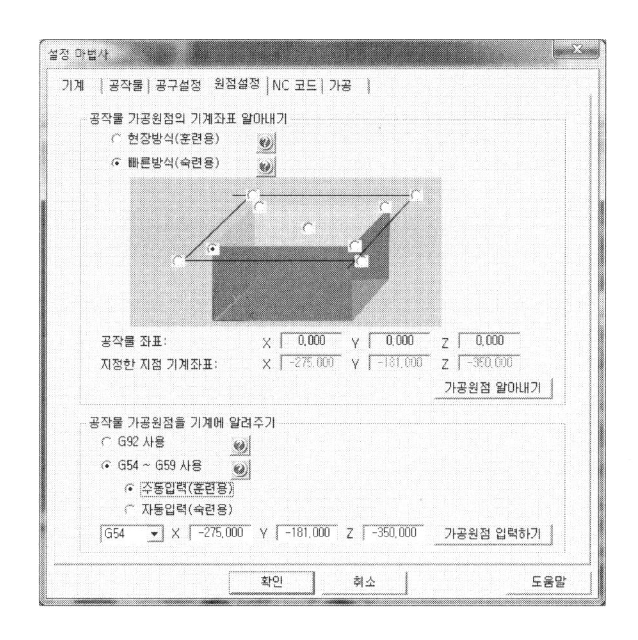

④ 가공원점 알아내기를 누르면 지정한 지점 기계 좌표값이 나타난다. 여기에 나타난 X, Y, Z의 좌표값을 메모하여 보관한다.

⑤ 모드선택을 "편집"으로 선택한다.

⑥ 기능키에서 화면 ⇒ 보정 ⇒ 워크를 선택한다.

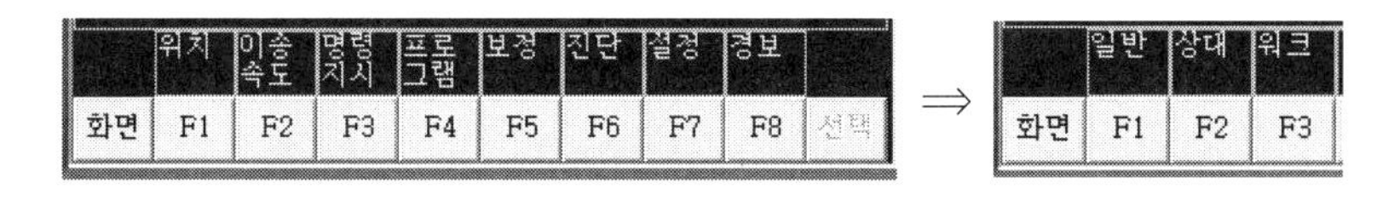

⑦ F3 ~ F6의 화살표 기능을 이용해서 입력할 좌표축을 선택한 다음 입력란에 메모했던 값을 입력한다.

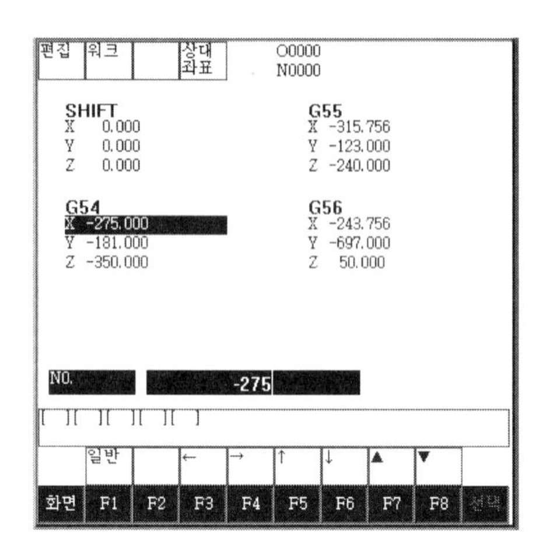

⑧ 숙달이 되면 앞의 ②항에서 "자동입력(숙련용)"을 선택하고 "가공원점 입력하기" 버튼을 눌러주면 수동으로 입력하는 과정이 자동으로 입력된다.

⑨ G54를 사용할 때는 프로그램에서 G92를 사용하면 안된다. G92 다음에 입력된 X, Y, Z 좌표값과 G54에 입력된 좌표값이 일치하지 않으면 공작물 좌표계의 위치가 다르게 가공되는 문제가 발생한다.

(2) FANUC 컨트롤러의 좌표계 설정

① 공작물 원점 설정을 위하여 아퀴센터를 이용한다. 아퀴센터는 10번 공구에 장착했다고 가정하고 작업한다. 아퀴센터를 호출한다.

MDI ⇒ PROG (PROG) ⇒ T10M06 ⇒ EOB (EOB)⇒ INSERT (INSERT) ⇒ START

② 아퀴센터 회전

MDI ⇒ PROG ⇒ S500 M03 ⇒ EOB ⇒ INSERT ⇒ START

③ 모서리의 위치 측정

공작물의 측면을 X축, Y축 방향으로 터치하여 아퀴센터의 중심이 공작물 모서리에 일치하도록 한 다음 상대좌표 X, Y를 0으로 셋팅한다. 아퀴센터의 지름이 10mm 이므로 터치한 후 5mm 만큼 더 이동해야 중심과 모서리가 일치한다.

POS ⇒ 상대 ⇒ X ⇒ ORIGIN ⇒ 핸들로 반지름만큼 (5.0) 이동 ⇒ 다시 X ⇒ ORIGIN

POS ⇒ 상대 ⇒ X ⇒ ORIGIN ⇒ 핸들로 반지름만큼 (5.0) 이동 ⇒ 다시 Y ⇒ ORIGIN

ORIZIN을 실시하여 0으로 만든 다음 축을 반지름만큼 핸들로 이동시킨 후 다시 ORIZIN 작업을 실시하여 공작물 모서리와 아퀴센터의 중심을 일치시키는 작업을 하였는데 이 과정을 X -5. ⇒ "PRESET" 버튼을 누르면 반지름 값을 직접 입력하여 한 번에 설정할 수 있다. 다만 위치가 (−5)인지 (+5)인지 헷갈리는 경우가 있어 개념이 완전히 숙달될 때까지는 조금 불편해도 ORIZIN을 두 번 실행하는 것이 좋다.

④ 공작물 좌표계 G54의 X. Y 좌표를 입력한다.

상대 좌표를 보면서 X, Y의 좌표값이 0이 되도록 핸들로 맞춘다.

OFS/SET (OFFSET/SET) ⇒ "좌표계" ⇒ "조작" ⇒ G54 좌표계의 X에 커서 옮기고 ⇒ X0. ⇒ "측정", 다음에는 Y에 커서 옮기고 ⇒ Y0. ⇒ "측정"

⑤ G54의 Z 좌표계 입력을 위해 기준봉(08번) 호출

MDI ⇒ (PROG) ⇒ T08 M06 ; ⇒ (INSERT) ⇒ START

⑥ 공작물 위에 하이트마스터를 올려놓고 마스터 눈금을 0에 맞춘 후

(OFFSET/SET) ⇒ "좌표계" ⇒ "조작" ⇒ G54 좌표계의 Z에 커서 옮기고 ⇒ Z100. ⇒ "측정"

> 만약 하이트마스터가 없으면 다음과 같은 방법으로 Z의 좌표값을 알아낼 수 있다.
> 지름을 알고 있는(ϕ10) 엔드밀 자루를 8번 기준봉 밑에서 살살 움직여 보면서 핸들을 최소 눈금으로 설정하여 Z 축을 조금씩 내리면서 기준봉에 환봉이 닿을 때까지 축을 내린다. 공작물과 8번 기준봉의 틈새가 환봉의 지름과 같다. 이렇게 조정한 다음 Z 좌표값을 환봉의 지름으로 입력한다. (약간의 오차는 발생하지만 종이를 공작물 표면에 붙이고 표면을 살짝 절삭하는 방법도 있다.)

⑦ Z 위치가 맞는지 확인한다.

G90 G54 G43 H08 Z100. 을 실행한 후 하이트마스터를 끼워보아 맞는지 확인한다. 이때 안전을 위하여 RAPID OVERRIDE를 F0으로 설정한다.

⑧ 1번 공구의 보정 값이 맞는지 확인한다.

T01M06; ⇒ G90 G54 G43 H01 Z100. ; ⇒ START ⇒ 하이트마스터로 확인한다.

7. 프로그램 작성과 자동운전

자동운전이란 프로그램을 이용하여 가공하는 것을 말한다. 실제로는 컴퓨터를 이용하여 작성한 프로그램을 기계에 입력하여 작업을 하는 것이 일반적이지만 여기서는 간단한 프로그램을 직접 작성, 입력하여 연습한다.

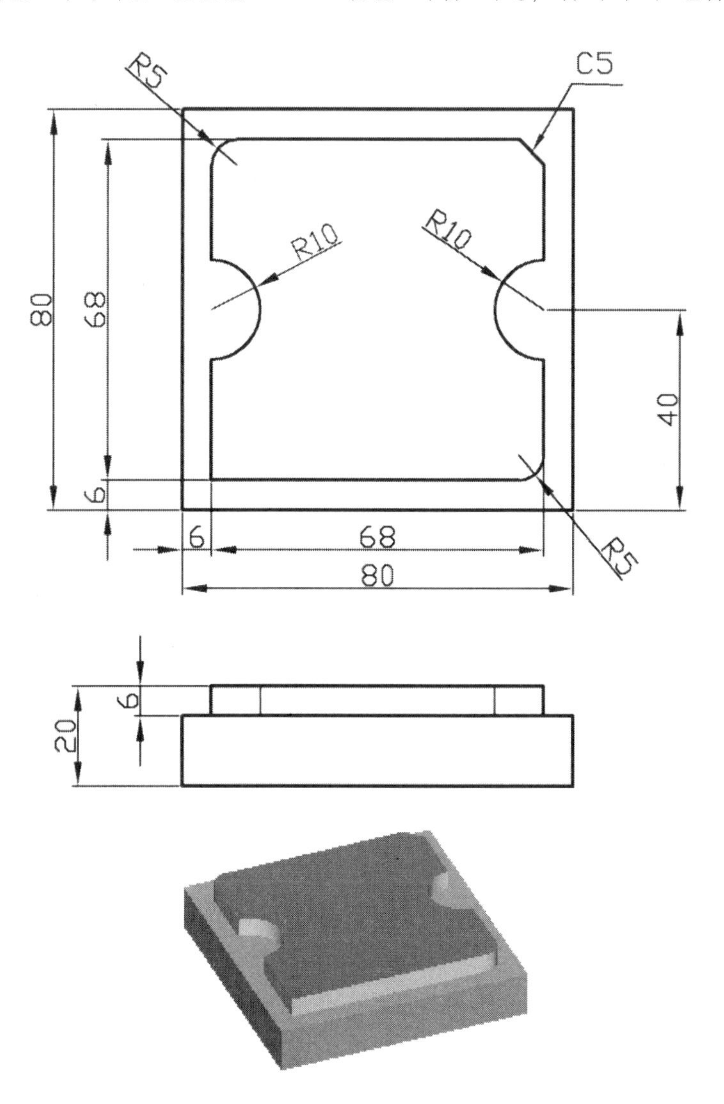

O0001	프로그램번호
G40 G49 G80;	공구경보정취소, 길이보정취소, 고정사이클 취소
G91 G28 Z0.0;	Z축 원점복귀
G28 X0.0 Y0.0;	X축, Y축 원점복귀
G90 G54 X0. Y0. Z150.	공작물좌표계설정(안전을 위해 Z를 150. 으로)
G00 X-10.0 Y-10.0 Z5.0 G43 H01;	위치 결정
S1000 M03;	주축1000rpm으로 시계방향으로 회전
G01 Z-6.0 F70 M08;	이송속도70[mm/min]로 Z-6.까지 직선절삭, 절삭유ON
G41 D01 X6.0;	공구경 보정번호 1번에의 값으로 공구경 좌측 보정하며 X6.0까지 직선절삭
Y30.0;	Y30.까지 직선절삭
G03 Y50.0; R10.0;	Y50.까지 R10.으로 반시계 방향 원호 절삭
G01 Y69.0;	Y69.까지 직선절삭
G02 X11.0 Y74.0 R5.0;	X11. Y74.까지 R5.으로 시계방향 원호 절삭
G90 G01 X69.0;	X69.까지 직선절삭
X74.0 Y69.0;	C5부분 가공
Y50.0;	Y50.까지 직선절삭
G03 Y30.0 R10.0;	Y30.까지 R10.으로 반시계 방향 원호 절삭
G01 Y11.0	Y11.까지 직선절삭
G02 X69.0 Y6.0 R5.0;	X69. Y6.까지 R5.으로 시계방향 원호 절삭
G01 X-5.0;	X5.까지 직선절삭
G00 G90 Z150.0 G49 M09;	Z150.까지 공구 길이 보정을 취소하며 급속이송, 절삭유OFF
G40 M05;	공구경 보정 취소, 주축정지
M02;	프로그램 종료

(1) V-CNC를 이용한 자동운전

❶	모드선택 ⇒ 편집 모드로 선택한다.	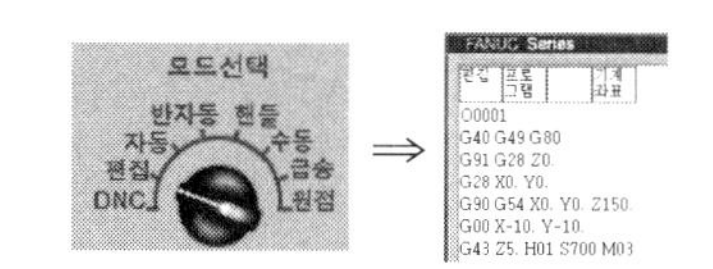
❷	입력창에 위의 프로그램을 입력한다.	
❸	공작물 ⇒ 생성을 선택하여 설정 마법사 창에 공작물 종류를 공작물 크기에 가로 “80”, 세로 “80”, 높이 “20”을 입력하고 필요한 정밀도 재질 등을 선택한 다음 “적용” 누르고 설정마법사 메뉴에서 계속해서 “원점설정” 작업을 한다.	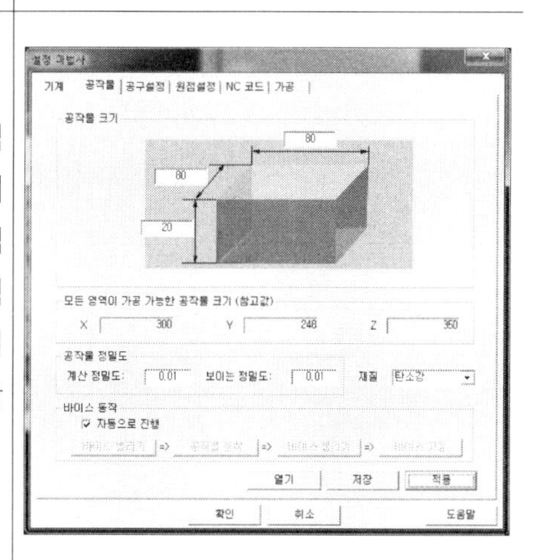
❹	“빠른 방식(숙련용)”으로 선택하고 공작물에서 원점으로 정할 위치의 포인트를 클릭하여 선택하고 “가공원점 알아내기” ⇒ “G54~G59 사용” ⇒ “자동입력(숙련용)” ⇒ “가공원점 입력하기”를 누르면 기계화면에서 공구가 선택한 원점의 위치에 있는 것을 볼 수 있다.	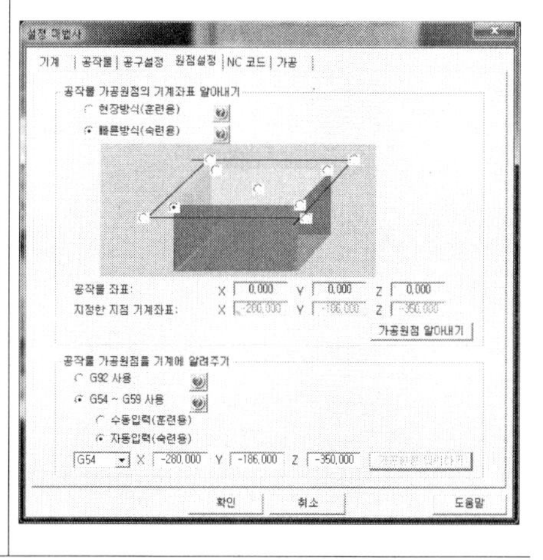
❼	모드 선택을 자동으로 선택하고 자동개시 버튼을 누르면 한 블록씩 실행한다. 한 블록 실행이 끝나면 다시 자동개시 버튼을 누른다.	

❺	공작물 좌표계를 설정한다. 반자동 ⇒ G50 X0. Y0. Z0.⇒ 자동개시	FANUC Series 반자동 / 프로그램 / 기계좌표 / O0001 N0000 G54 X0. Y0. Z0. ⇒ 자동개시
❻	제대로 가공되는지, 기계의 충돌 위험은 없는지 등을 확인해야하므로 수동이송속도 조절을 10%에 맞추고 "Single Block"을 ON으로 하고, 커서를 프로그램의 처음으로 옮긴다.	수동속도 이송속도조절 50% 100% 0% 150% DryRun ON OFF / Machine Lock ON OFF 축 선택 Z / 급송속도조절 RT2 RT1 RT0 M01 Stop / Optional Skip / Single Block ON OFF

(2) FANUC 컨트롤러의 자동운전

❶	프로그램 내용 검색	EDIT (EDIT) ⇒ PROG (PROG) ⇒ [조작] ⇒ 0001 (프로그램 번호) ⇒ [O 검색] * (DIR에서 번호 확인)
	새 프로그램 입력	O0001(새 프로그램 번호) ⇒ INSERT (INSERT)
	기존 프로그램 삭제	O0001(기존 프로그램 번호) ⇒ DELETE (DELETE)
❷	공작물을 장착한다.	
❸	기준봉(8번)을 호출하여 8번 H 값 보정	하이트마스터의 지침을 0으로 ⇒ "상대좌표" ⇒ "Z" ⇒ "ORIGIN" ⇒ "OFFSET/SET" ⇒ "보정" ⇒ 번호 8번의 "형상(H)"에 커서 옮겨놓고 "C. 입력" 버튼.
❹	사용될 나머지 공구 모두 길이 보정(1번부터 필요공구 전부)	1번 호출 ⇒ 하이트마스터의 지침을 0으로 ⇒ "OFFSET/SET" ⇒ "보정" ⇒ 1번 "형상(H)"에 커서 ⇒ "C. 입력"한 후 "형상(D)" ⇒ 반지름 값 입력

⑤	상대좌표 X, Y를 0으로 셋팅	아퀴센터(10번) 호출 ⇒ 주축회전(S500) ⇒ X, Y축으로 공작물 터치 ⇒ 지름을 계산하여 중심점과 모서리를 일치시킨 후 상대좌표 X, Y "ORIGIN"을 실행하여 0으로 셋팅.
⑥	X, Y 좌표계 설정	(OFFSET/SET) ⇒ "좌표계" ⇒ "조작" ⇒ G54 좌표계의 X0에 커서 옮기고 ⇒ X0. ⇒ "측정", 다음에는 Y0에 커서 옮기고 ⇒ Y0. ⇒ "측정"
⑦	Z 좌표계 설정	기준봉(08번) 호출 ⇒ 하이트마스터 위에서 지침 0으로 셋팅 ⇒ OFFSET/SET ⇒ "좌표계" ⇒ "조작" ⇒ G54 좌표계의 Z0에 커서 옮기고 ⇒ Z100. ⇒ "측정"
⑧	공구 길이 점검	8번 호출 ⇒ G90 G54 G43 H08 Z100. 을 실행한 후 하이트마스터를 끼워보아 맞는지 확인 1번 호출 ⇒ G90 G54 G43 H01 Z100. 실행 다른 공구도 모두 점검해본다.
⑨	데이터 입력 및 그래픽 확인	MEMORY ⇒ PROG ⇒ MACHINE LOCK ⇒ CSTM/GR ⇒ [도형] ⇒ START MACHINE LOCK을 풀면 실제 가공이 되며 가공 중에도 그래픽을 확인할 수 있다.
⑩	데이터 수정	가공 경로를 확인하여 잘못된 내용의 데이터를 수정한다.
⑪	싱글블록 가공	SINGLE BLOCK 으로 설정하고 추축회전수, 이송속도를 저속으로 놓고 한 블록씩 가공하며 확인한다.
⑫	자동운전	그래픽 확인과 같은 방법이다. 다만 MACHINE LOCK을 해제하는 점만 다르다.

3.3 머시닝센터 과제 따라 하기

1. 직선 및 원호 절삭

(1) 도면

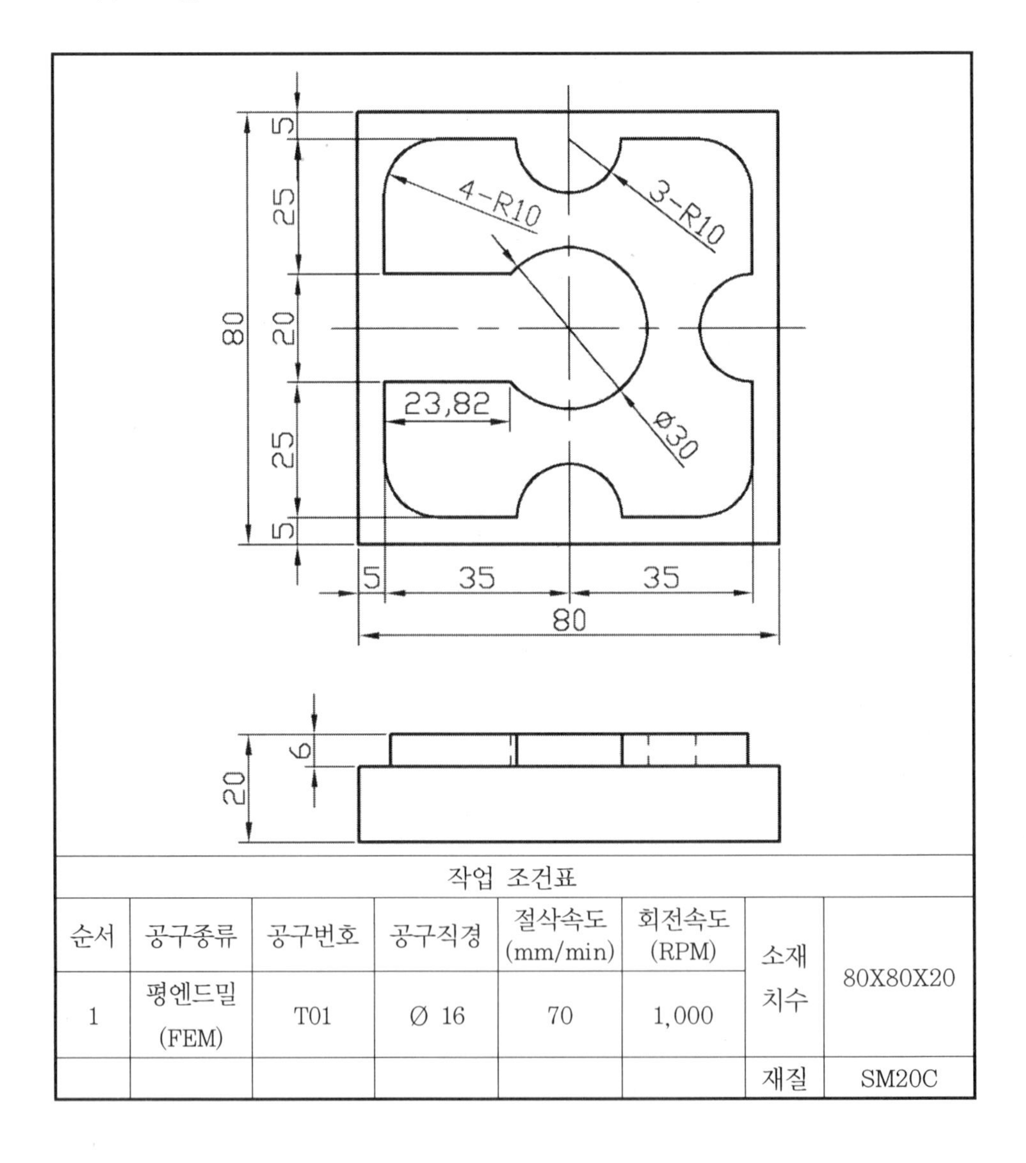

작업 조건표							
순서	공구종류	공구번호	공구직경	절삭속도 (mm/min)	회전속도 (RPM)	소재 치수	80X80X20
1	평엔드밀 (FEM)	T01	Ø 16	70	1,000		
						재질	SM20C

(2) 프로그램

```
O0001
G40 G49 G80 ;
G91 G28 Z0. ;
G28 X0. Y0. ;
G54 X0. Y0. Z150. ;
G00 G90 X-10. Y-10. Z100. ;
G43 H01 ;
Z5. S700 M03 ;
G01 Z-6. F100 M08 ;
X5. G41 D01 ;
Y30. ;
X28.82 ;
G03 Y50. I11.18 J10. ;
G01 X5. ;
Y65. ;
G02 X15. Y75. I10. ;
G01 X30. ;
G03 X50. I10. ;
G01 X65. ;
G02 X75. Y65. J-10. ;
G01 Y50. ;
G03 Y30. J-10. ;
G01 Y15. ;
G02 X65. Y5. I-10. ;
G01 X50. ;
G03 X30. I-10. ;
G01 X15. ;
G02 X5. Y15. J10. ;
G01 Y20. ;
G00 Z150. M09 ;
G49 G40 M05 ;
M30 ;
```

(3) V-CNC에서의 작업순서

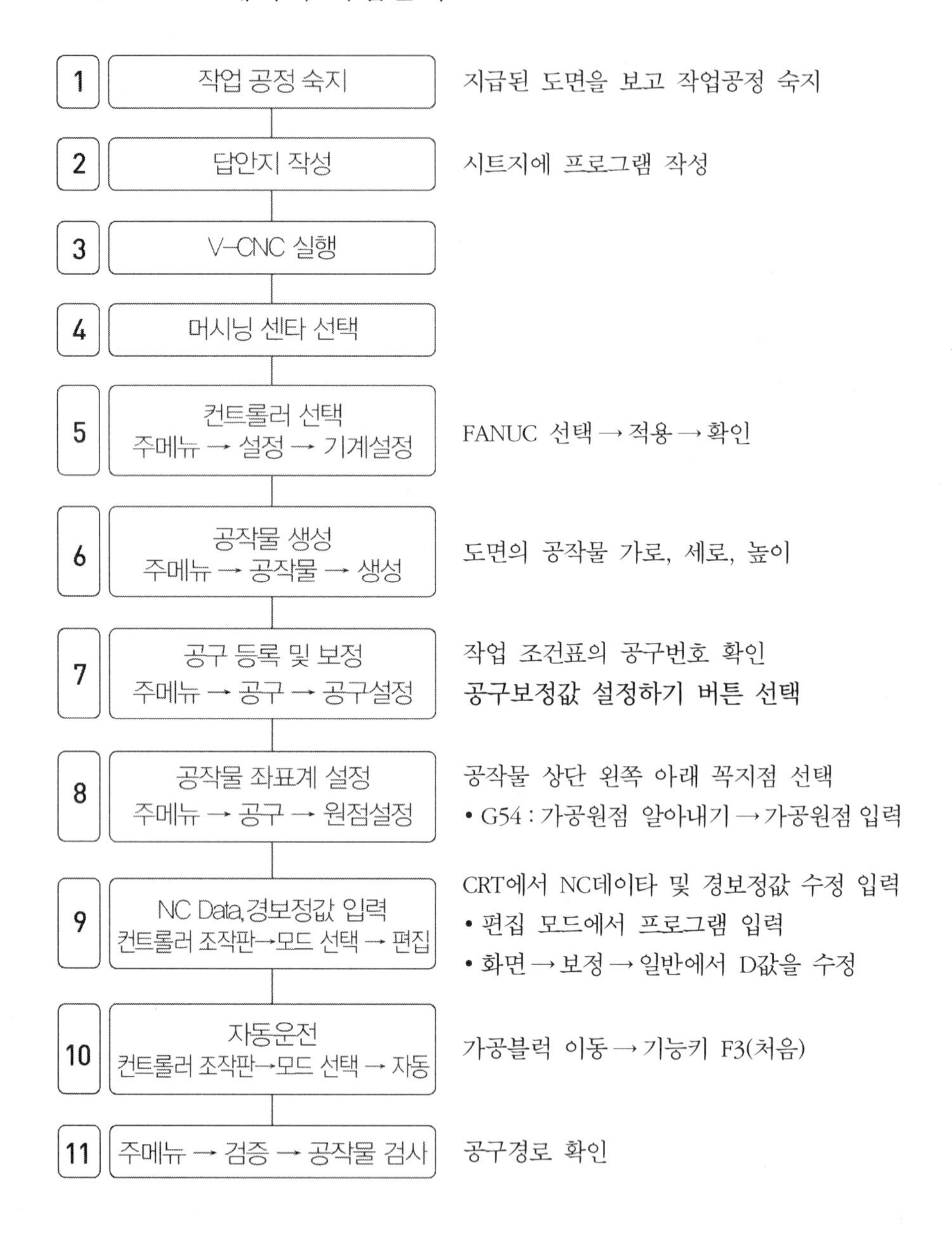

1
작업 공정 숙지
지급된 도면을 보고 작업공정 숙지
2
답안지 작성
시트지에 프로그램 작성
3
V-CNC 실행
4
머시닝 센타 선택
5
컨트롤러 선택
주메뉴 → 설정 → 기계설정
FANUC 선택 → 적용 → 확인
6
공작물 생성
주메뉴 → 공작물 → 생성
도면의 공작물 가로, 세로, 높이
7
공구 등록 및 보정
주메뉴 → 공구 → 공구설정
작업 조건표의 공구번호 확인
공구보정값 설정하기 버튼 선택
8
공작물 좌표계 설정
주메뉴 → 공구 → 원점설정
공작물 상단 왼쪽 아래 꼭지점 선택
• G54 : 가공원점 알아내기 → 가공원점 입력
9
NC Data,경보정값 입력
컨트롤러 조작판→모드 선택 → 편집
CRT에서 NC데이타 및 경보정값 수정 입력
• 편집 모드에서 프로그램 입력
• 화면 → 보정 → 일반에서 D값을 수정
10
자동운전
컨트롤러 조작판→모드 선택 → 자동
가공블럭 이동 → 기능키 F3(처음)
11
주메뉴 → 검증 → 공작물 검사
공구경로 확인

(4) 작업방법

가) 기계설정

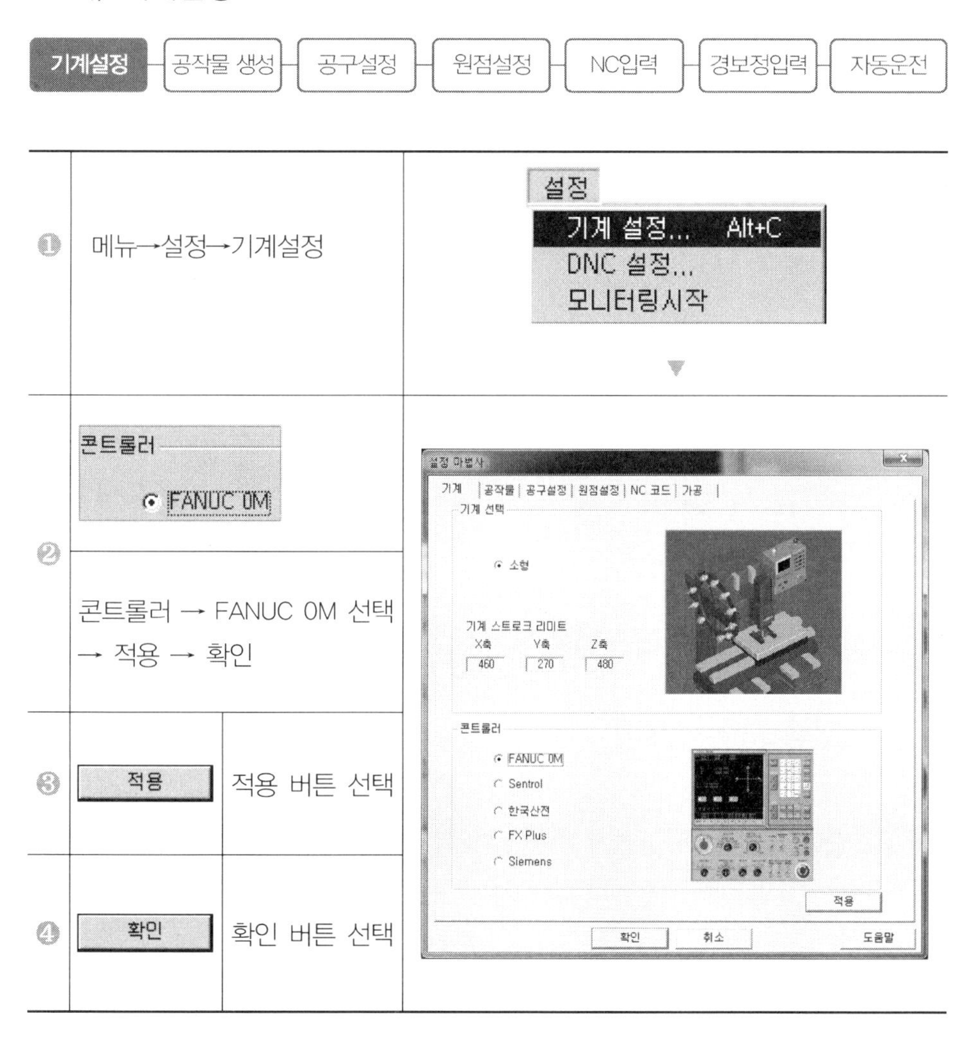

	작업		화면
❶	메뉴→설정→기계설정		설정 / 기계 설정... Alt+C / DNC 설정... / 모니터링시작
❷	콘트롤러 ◉ FANUC 0M 콘트롤러 → FANUC 0M 선택 → 적용 → 확인		설정 마법사 (기계 선택: 소형, 기계 스트로크 리미트 X축 460 Y축 270 Z축 480 / 콘트롤러: FANUC 0M, Sentrol, 한국산전, FX Plus, Siemens / 적용 / 확인 취소 도움말)
❸	적용	적용 버튼 선택	
❹	확인	확인 버튼 선택	

나) 공작물생성

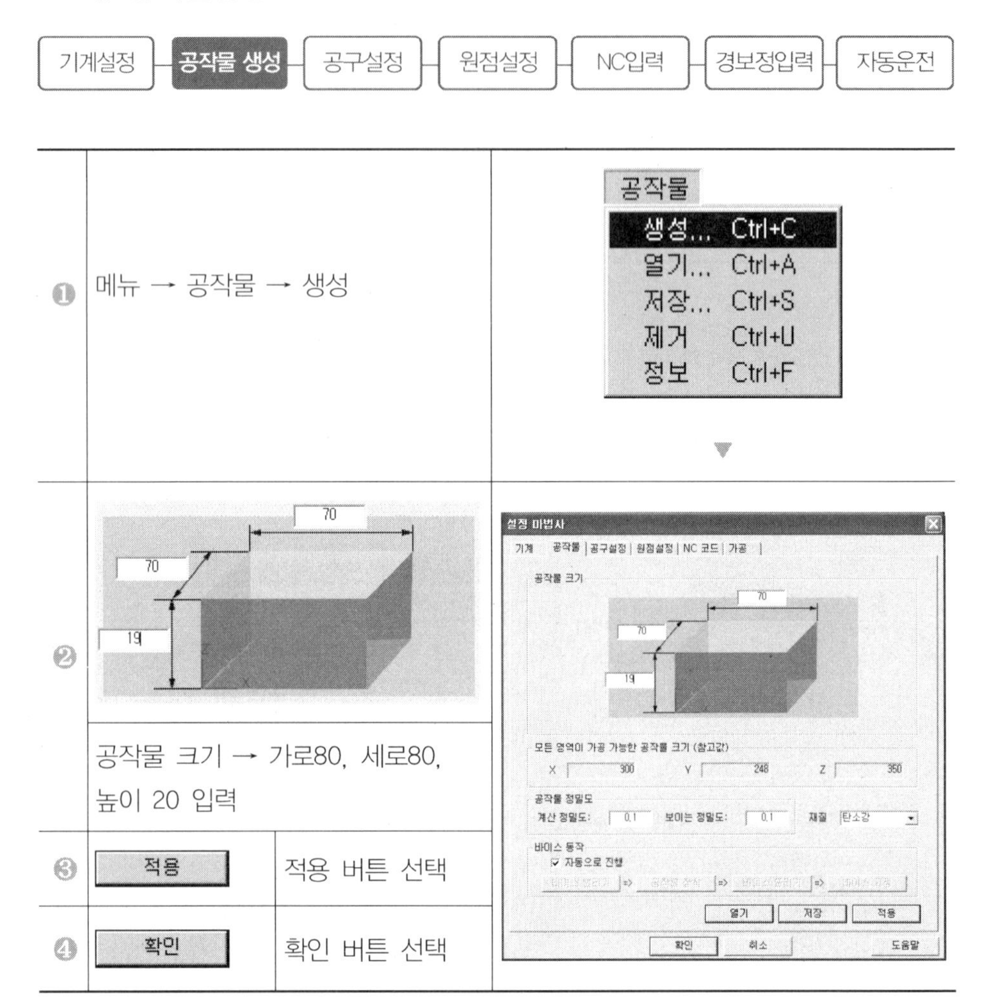

기계설정 → **공작물 생성** → 공구설정 → 원점설정 → NC입력 → 경보정입력 → 자동운전

❶	메뉴 → 공작물 → 생성		
❷	공작물 크기 → 가로80, 세로80, 높이 20 입력		
❸	적용	적용 버튼 선택	
❹	확인	확인 버튼 선택	

다) 공구설정

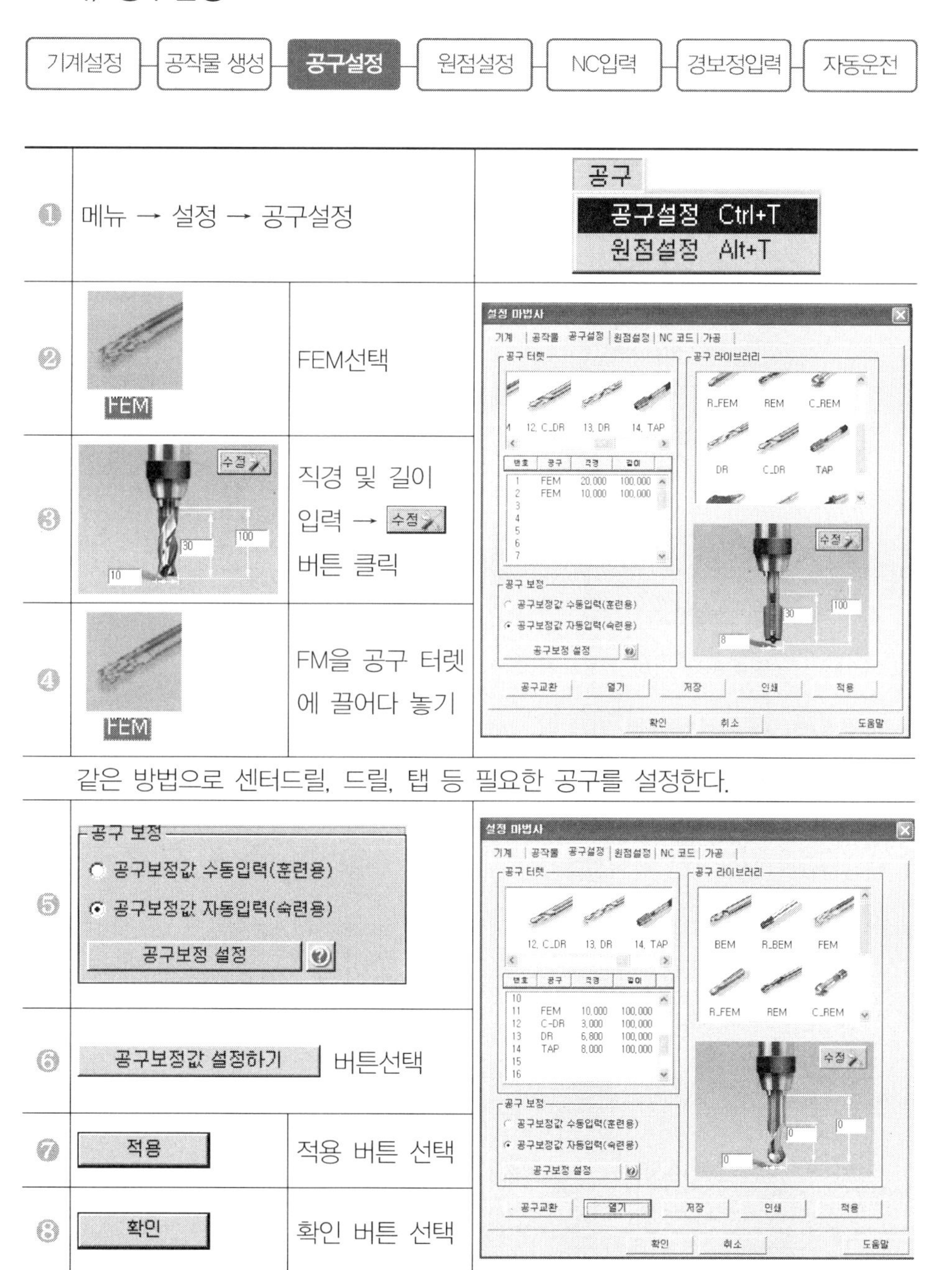

기계설정
공작물 생성
공구설정
원점설정
NC입력
경보정입력
자동운전
❶ 메뉴 → 설정 → 공구설정
공구
공구설정 Ctrl+T
원점설정 Alt+T
❷ FEM선택
❸ 직경 및 길이 입력 → 수정 버튼 클릭
❹ FM을 공구 터렛에 끌어다 놓기
같은 방법으로 센터드릴, 드릴, 탭 등 필요한 공구를 설정한다.
❺ 공구 보정
공구보정값 수동입력(훈련용)
공구보정값 자동입력(숙련용)
공구보정 설정
❻ 공구보정값 설정하기 버튼선택
❼ 적용 적용 버튼 선택
❽ 확인 확인 버튼 선택
설정 마법사
공구 터렛
공구 라이브러리
공구교환
열기
저장
인쇄
적용
취소
도움말

라) 원점설정

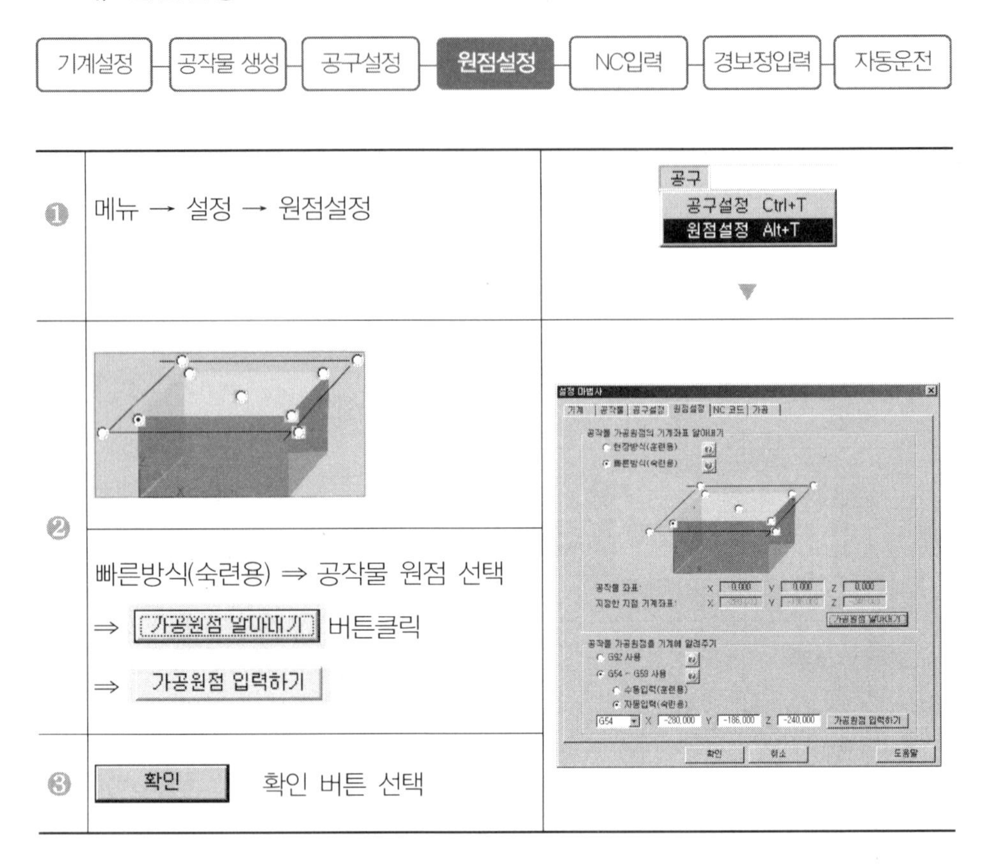

기계설정
공작물 생성
공구설정
원점설정
NC입력
경보정입력
자동운전
❶
메뉴 → 설정 → 원점설정
공구
공구설정 Ctrl+T
원점설정 Alt+T
❷
빠른방식(숙련용) ⇒ 공작물 원점 선택
⇒ 가공원점 알아내기 버튼클릭
⇒ 가공원점 입력하기
❸
확인
확인 버튼 선택

마) NC 코드 입력

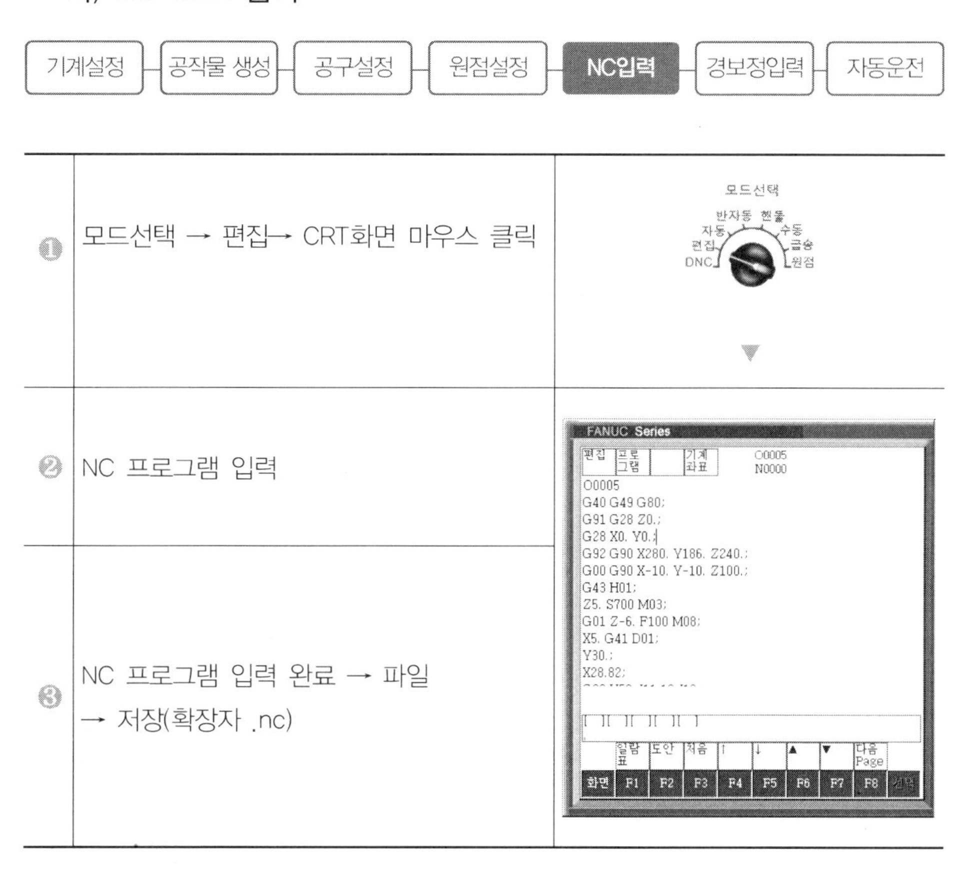

❶	모드선택 → 편집→ CRT화면 마우스 클릭	
❷	NC 프로그램 입력	
❸	NC 프로그램 입력 완료 → 파일 → 저장(확장자 .nc)	

바) 경보정값 입력

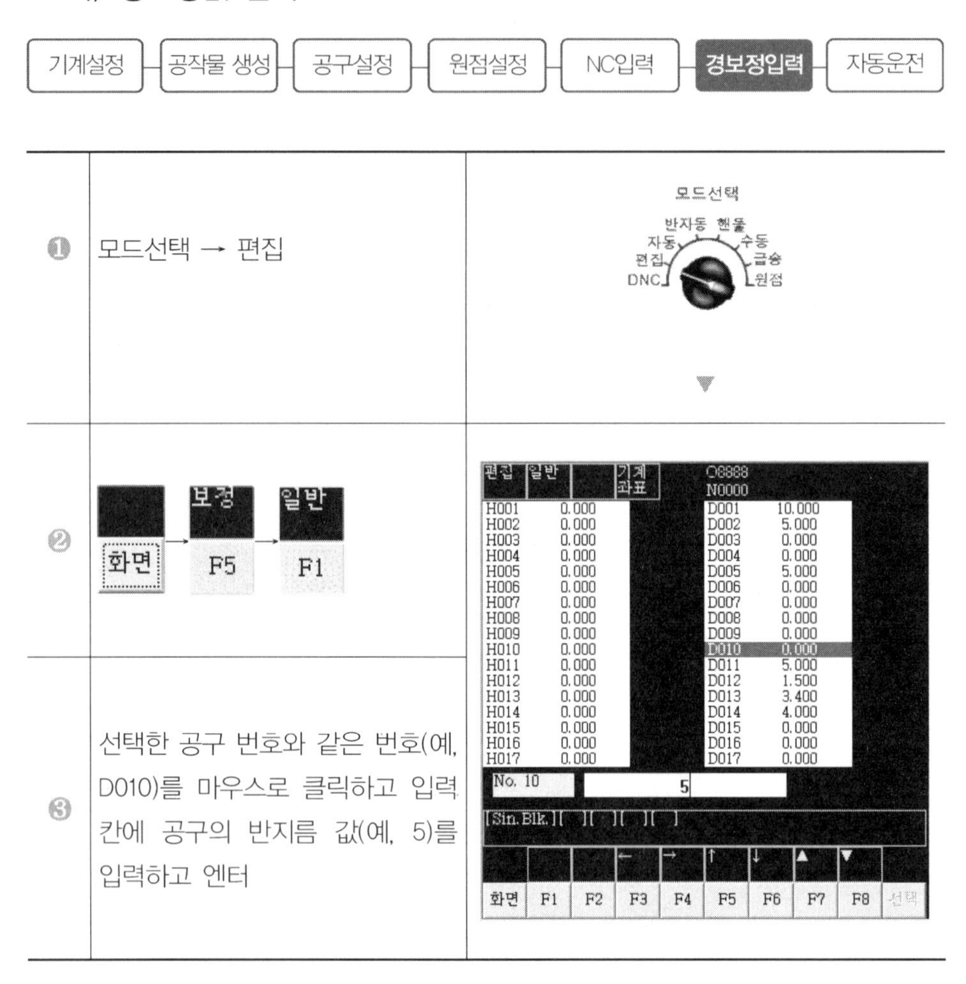

기계설정 — 공작물 생성 — 공구설정 — 원점설정 — NC입력 — **경보정입력** — 자동운전

❶	모드선택 → 편집	
❷	화면 → 보정 F5 → 일반 F1	
❸	선택한 공구 번호와 같은 번호(예, D010)를 마우스로 클릭하고 입력 칸에 공구의 반지름 값(예, 5)를 입력하고 엔터	

사) 자동운전

❶	컨트롤러 조작반 ⇒ 모드선택 ⇒ 자동	
❷	모니터 화면 아랫부분의 소프트 키 “처음[F3]” ⇒ 컨트롤러 조작반의 “자동개시”	

아) 공작물 검사

▶ 치수검사

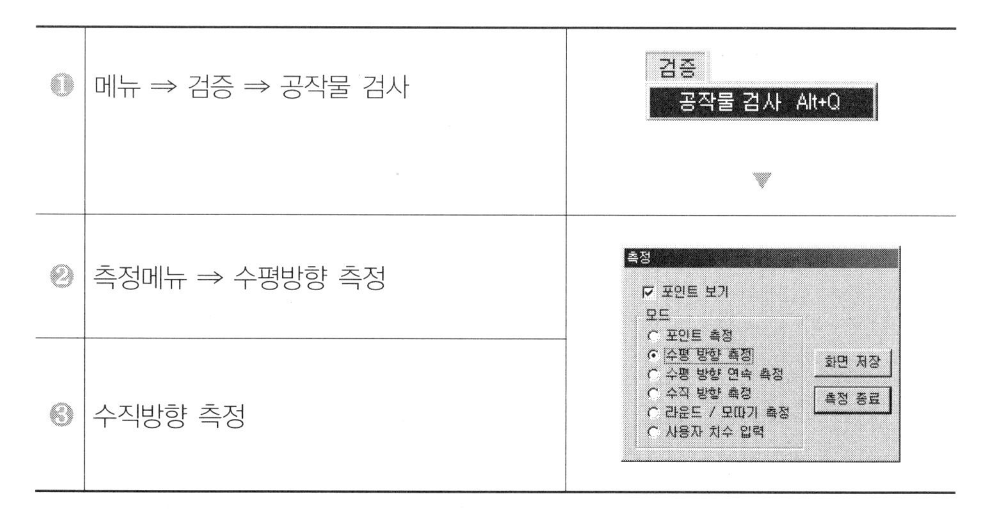

❶	메뉴 ⇒ 검증 ⇒ 공작물 검사	
❷	측정메뉴 ⇒ 수평방향 측정	
❸	수직방향 측정	

▶ **공구경로 보기**

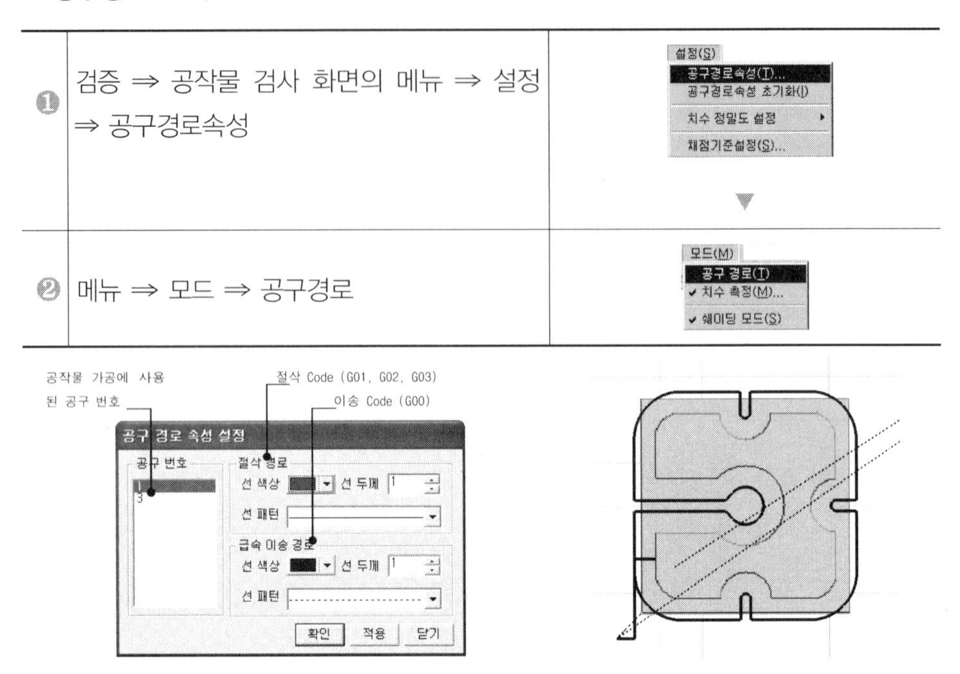

❶	검증 ⇒ 공작물 검사 화면의 메뉴 ⇒ 설정 ⇒ 공구경로속성	
❷	메뉴 ⇒ 모드 ⇒ 공구경로	

▶ **공구경로 인쇄하기**

❶	(검증창)메뉴 ⇒ 파일 ⇒ 인쇄미리보기	파일(F) / 새 파일(N) / 열기(O)... / 서식 인쇄 / 인쇄 설정 / 인쇄 미리 보기 / 종료(X)
❷	오른쪽 메뉴바에서 서식의 표제를 선택.	
❸	메뉴바의 편집에서 Value의 값을 마우스로 선택	
❹	정보를 입력하고 키보드의 Enter버튼을 누른다.	
❺	정보가 입력되면 [적용] 버튼을 누른다.	

1	입력하세요	입력하세요	1	
번호	부품번호	부품명	개수	비고
도면번호	도면번호	도면명	도면명	
학교	학교이름	학과명	학과명	
번호	번호	성명	이름	

※ (검증)메뉴바⇒모드⇒치수 측정을 선택하여 치수측정 화면 인쇄.

▶ 인쇄 서식화면 이미지 저장하기

번호	내용	화면
❶	(검증창)메뉴 ⇒ 파일 ⇒ 인쇄미리보기	파일(F) / 새 파일(N) / 열기(O)... / 서식 인쇄 / 인쇄 설정 / 인쇄 미리 보기 / 종료(X) ▼
❷	앞서 설명한 내용을 참고하여 표제란을 편집한다.	이미지 / 이미지 저장하기
❸	오른쪽 아래에 이미지 저장을 클릭	
❹	저장할 폴더를 지정하고 파일 이름 입력	Save Image File / 저장 위치(I): 수치제어
❺	저장을 누른다. (jpeg로 저장)	파일 이름(N): 공구경로 / 파일 형식(T): Jpeg Files(*.jpg, *.jpeg) / 저장(S) / 취소

▶ NC 데이터 서식 인쇄하기

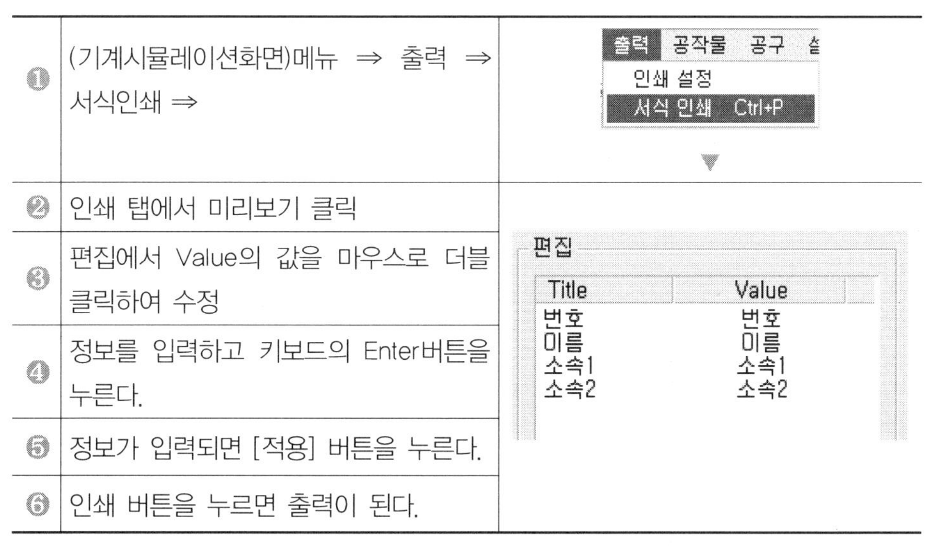

번호	내용	화면
❶	(기계시뮬레이션화면)메뉴 ⇒ 출력 ⇒ 서식인쇄 ⇒	출력 공작물 공구 / 인쇄 설정 / 서식 인쇄 Ctrl+P ▼
❷	인쇄 탭에서 미리보기 클릭	
❸	편집에서 Value의 값을 마우스로 더블 클릭하여 수정	편집
❹	정보를 입력하고 키보드의 Enter버튼을 누른다.	Title: 번호, 이름, 소속1, 소속2 / Value: 번호, 이름, 소속1, 소속2
❺	정보가 입력되면 [적용] 버튼을 누른다.	
❻	인쇄 버튼을 누르면 출력이 된다.	

※ NC 데이터 미리 보기 화면도 이미지로 저장할 수 있다.

(5) FANUC Series 0i-M에서의 작업순서

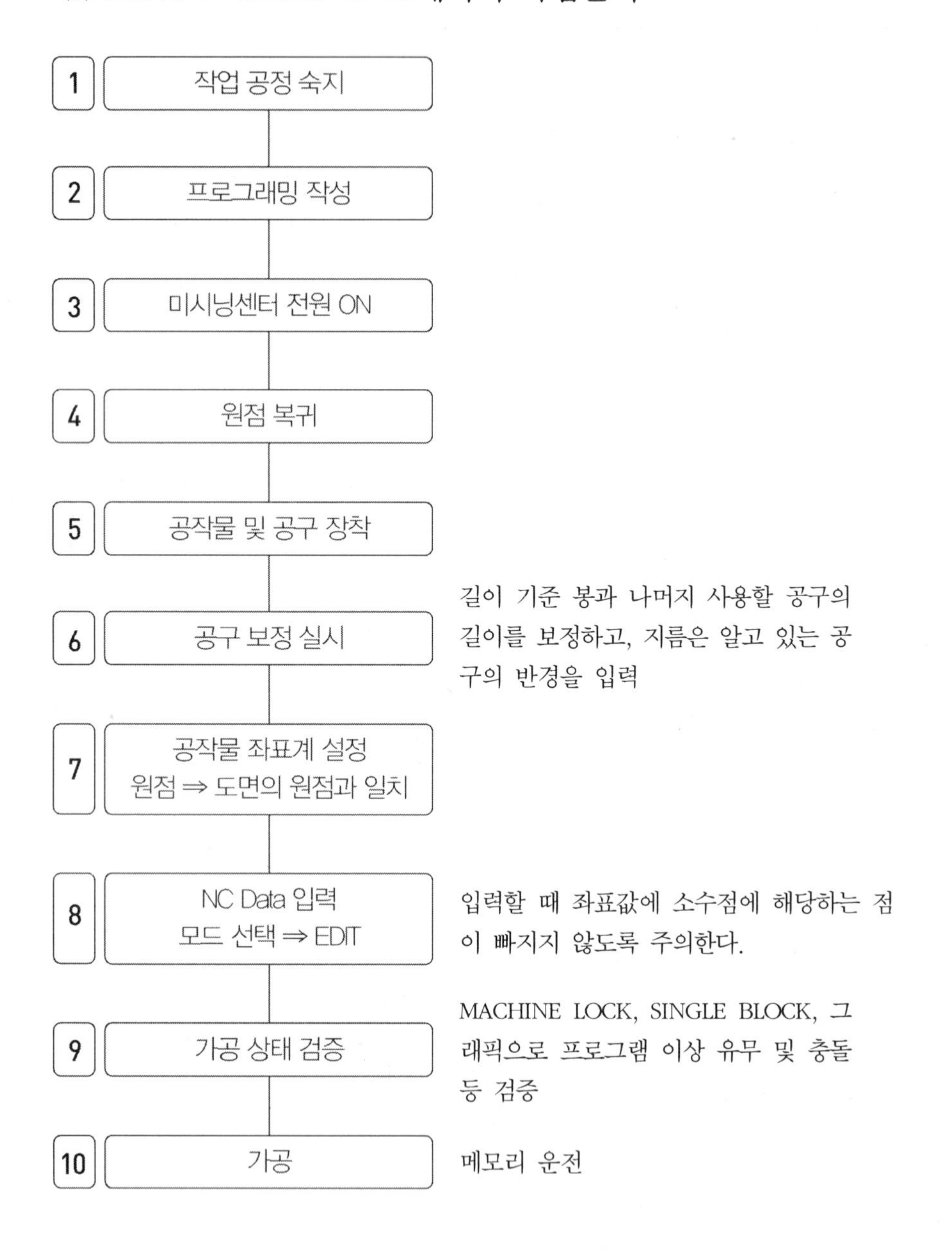
1
작업 공정 숙지
2
프로그래밍 작성
3
미시닝센터 전원 ON
4
원점 복귀
5
공작물 및 공구 장착
6
공구 보정 실시
길이 기준 봉과 나머지 사용할 공구의 길이를 보정하고, 지름은 알고 있는 공구의 반경을 입력
7
공작물 좌표계 설정
원점 ⇒ 도면의 원점과 일치
8
NC Data 입력
모드 선택 ⇒ EDIT
입력할 때 좌표값에 소수점에 해당하는 점이 빠지지 않도록 주의한다.
9
가공 상태 검증
MACHINE LOCK, SINGLE BLOCK, 그래픽으로 프로그램 이상 유무 및 충돌 등 검증
10
가공
메모리 운전

가) 기계 설정 및 가공 준비

❶	전원 투입 및 시동	강전반 스위치 ON⇒ 조작반 POWER 스위치 ON ⇒ 비상정지 해제 ⇒ STANDBY⇒ ZERO RETURN
❷	가공 준비	핸들을 이용하여 X, Y 축을 (–) 쪽으로 약간 이동하고 주축 회전 ; (MDI)⇒(PROG)⇒G97 S **회전수** M03 (EOB)⇒(INSERT)⇒(START)
❸	길이 보정 기준봉 호출	⇒ (PROG) ⇒T08M06⇒ (EOB)⇒ (INSERT)⇒
❹	공구 길이 보정값 입력	㉮ 하이트마스터의 지침을 0으로⇒(POS)⇒상대⇒Z ⇒ORIGEN ㉯ (OFF/SET)⇒[보정]⇒[형상H]⇒08번에 커서⇒ C.입력 ㉰ 다음 공구(1번 공구) 호출하여 하이트마스터 지침을 0으로⇒(OFF/SET) ⇒ [보정] ⇒ [형상H] ⇒ 01번에 커서 ⇒ C.입력 ㉱ 나머지 모든 공구를 ㉰와 같은 방법으로 길이 보정 실시
❺	상대좌표 X, Y를 0으로 셋팅	아퀴센터(10번) 호출 ⇒ 주축회전(S500) ⇒ X, Y축으로 공작물 터치 ⇒ 지름을 계산하여 중심점과 모서리를 일치시킨 후 상대좌표 X, Y "ORIGIN"을 실행하여 0으로 셋팅.
❻	X, Y 좌표계 설정	(OFFSET/SET) ⇒ "좌표계" ⇒ "조작" ⇒ G54 좌표계의 X에 커서 옮기고 ⇒ X0. ⇒ "측정", 다음에는 Y에 커서 옮기고 ⇒ Y0. ⇒ "측정"

❼	Z 좌표계 설정	기준봉(8번) 호출 ⇒ 하이트마스터 셋팅 ⇒ OFFSET /SET ⇒ "좌표계" ⇒ "조작" ⇒ G54 좌표계의 Z에 커서 옮기고 ⇒ Z100. ⇒ "측정"
❽	공구 길이 점검	8번 호출 ⇒ G90 G54 G43 H08 Z100. 을 실행한 후 하이트마스터를 끼워보아 맞는지 확인 1번 호출 ⇒ G90 G54 G43 H01 Z100. 실행 다른 공구도 모두 점검해 본다.

나) NC 데이터 입력 및 자동 운전

❶	목록확인	EDIT (EDIT) ⇒ PROG (PROG)⇒ [DIR] ⇒[DIR+] 에서 확인
❷	내용확인	[조작] ⇒ 프로그램 번호 입력 ⇒ [O 검색]
❸	삭제	[조작] ⇒ $\overline{O}$ 0001 ⇒ DELETE (DELETE)
❹	새번호 입력	[조작] ⇒ $\overline{O}$ 0001 ⇒ INSERT (INSERT)
❺	데이터 입력	데이터를 입력한다.
❻	그래픽 확인	MEMORY (MEMORY) ⇒ PROG (PROG) ⇒ MACHINE LOCK (MACHINE LOCK) ⇒ CSTM/GR (CSTM/GR) ⇒ [도형] ⇒ START MACHINE LOCK을 풀면 실제 가공이 되며 가공 중에도 그래픽을 확인할 수 있다.
❼	데이터 수정	가공 경로를 확인하여 잘못된 내용의 데이터를 수정한다.
❽	싱글블록 가공	SINGLE BLOCK 으로 설정하고 추축회전수, 이송속도를 저속으로 놓고 한 블록씩 가공하며 확인한다.
❾	자동운전	그래픽 확인과 같은 방법이다. 다만 MACHINE LOCK (MACHINE LOCK)을 해제하는 점만 다르다.

2. 포켓 절삭

(1) 도면

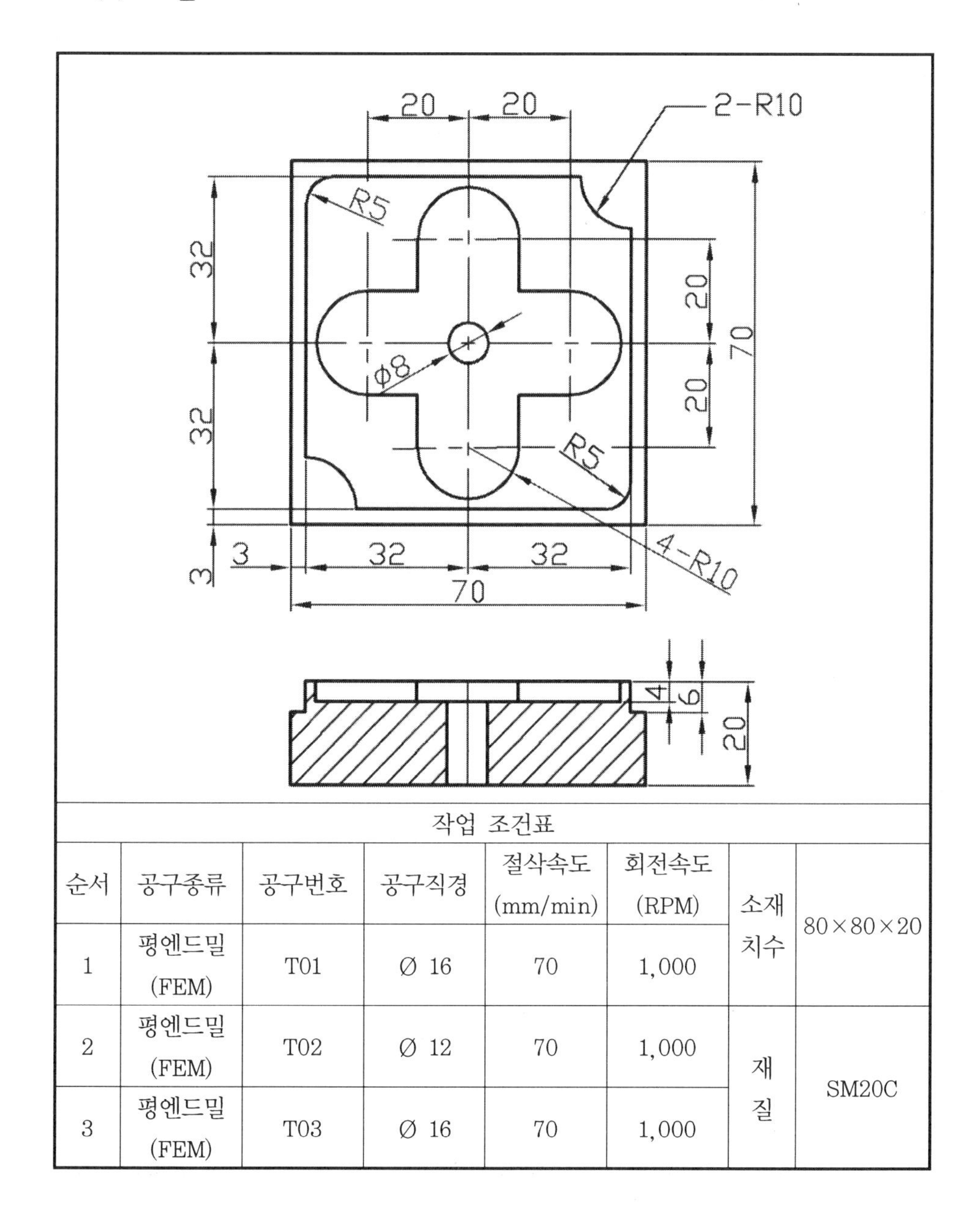

작업 조건표							
순서	공구종류	공구번호	공구직경	절삭속도 (mm/min)	회전속도 (RPM)	소재 치수	80×80×20
1	평엔드밀 (FEM)	T01	Ø 16	70	1,000		
2	평엔드밀 (FEM)	T02	Ø 12	70	1,000	재질	SM20C
3	평엔드밀 (FEM)	T03	Ø 16	70	1,000		

(2) 프로그램

공정	프로그램
외곽 거친 절삭 Ø16	O003 G40 G49 G80; G91 G28 Z0.0; T01 M06; G90 G40 G54; G00 X-50.0 Y-50.0 Z100.0; S1000; M03; Z3.0; G01 Z-6.0 F70 M08; X-34.0 G41 D01; Y24.0; G02 X-24.0 Y34.0 R10.0; G01 X24.0; G02 X34.0 Y24.0 R10.0; G01 Y-24.0; G02 X24.0 Y-34.0 R10.0; G01 X-24.0; G02 X-34.0 Y-24.0 R10.0; G01 G91 Y5.0; G00 G90 Z150.0 M09; G30; G40;
포켓 거친 절삭 Ø12	T02 M06; G00 G90 X0. Y0. Z100.0 S1000 M03; Z3.0 M08; G01 Z-8.0 F70; G91 Y8.0 G41 D03; X-18.0; G03 Y-16.0 R8.0; G01 X10.0; Y-10.0; G03 X16.0 R8.0;
포켓 거친 절삭 Ø12	G01 Y10.0; X10.0; G03 Y16.0 R8.0; G01 X-10.0 Y10.0; G03 X-16.0 R8.0; G01 Y-18.0; G00 G90 Z150.0 M09;
외곽 다듬 절삭 Ø16	T03 M06; G00 G90 X-50.0 Y-50.0; Z100. S1000 M03; Z3.0; G01 Z-6.0 F70 M08; X-34.0 G41 D04; Y24.0; G02 X-24.0 Y34.0 R10.0; G01 X24.0; G02 X34.0 Y24.0 R10.0; G01 Y-24.0; G02 X24.0 Y-34.0 R10.0; G01 X-24.0; G02 X-34.0 Y-24.0 R10.0; G01 G91 Y5.0; G00 G90 Z150. G49 M09; G40 G30 G91 Z0.0; M05; M02;

3. 복합가공

(1) 도면

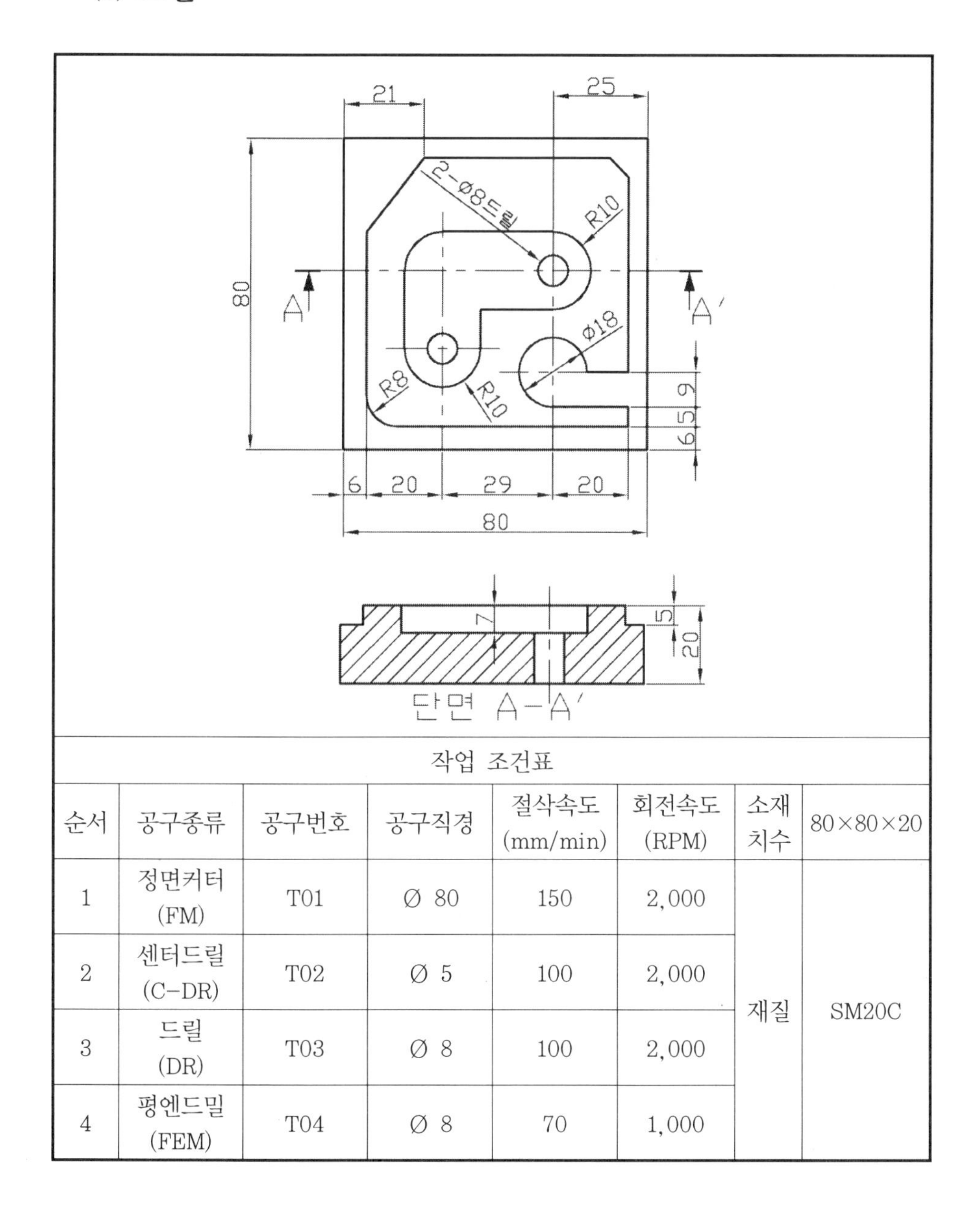

작업 조건표							
순서	공구종류	공구번호	공구직경	절삭속도 (mm/min)	회전속도 (RPM)	소재 치수	80×80×20
1	정면커터 (FM)	T01	Ø 80	150	2,000	재질	SM20C
2	센터드릴 (C-DR)	T02	Ø 5	100	2,000		
3	드릴 (DR)	T03	Ø 8	100	2,000		
4	평엔드밀 (FEM)	T04	Ø 8	70	1,000		

(2) 프로그램

기계세팅	O0004 G40 G49 G80 ; G28 G91 X0. Y0. Z0. ; G92 G90 X. Y. Z. ;
정면커터 (T01) 작업	G30 G91 Z0. M19 ; T01 M06 ; G90 G54 G00 X130. Y40. ; G43 Z20. H01 S2000 M03 ; Z0. ; G01 X-50. F150 M08 ; G49 G00 Z150. M05 ; M09 ;
센터드릴 (T02) 작업	G91 G30 Z0. M19 ; T02 M06 ; G90 G00 X26. Y26. Z150. ; G43 Z20. H02 S2000 M03 ; G81 G98 Z-3. R2. F100 M08 ; X55. Y46. ; G49 G00 Z150. M05 ; M09 ;
드릴 (T03) 구멍가공	G30 G91 Z0. M19 ; T03 M06 ; G90 G00 X26. Y26. Z150. ; G43 Z20. H03 S2000 M03 ; G73 G98 Z-25. R2. Q3. F100 M08 ; X55. Y46. ; G49 G00 Z150. M05 ; M09 ;
엔드밀 (T04) 윤곽가공	G41 X6. D04 ; Y56. ; X21. Y74. ; X69. ; G91 X5. Y-5. ; G90 Y20. ; G91 X-11. ; G03 X-9. Y-9. R-9. ; G01 X20. ; Y-5. ; G01 Y-20. ;
엔드밀 (T04) 윤곽가공	G03 X20. R10. ; G01 Y10. ; X19. ; G03 Y20. R10. ; G01 X-10. ; G90 G00 Z10. ; G40 X-15. ; Y-15. ; Z-5. ; X0. ; G01 Y80. ; G91 X8. ; X-8. Y-8. ; Y-7. ; X15. Y15. ; G90 X80. ; Y15.5 ; G91 X-26. ; Y3. ; Y-3. ; G90 X80. ; Y0. ; X0. ; G41 X6. D04 ; Y56. ; X21. Y74. ; X69. ; G91 X5. Y-5. ; G90 Y20. ; G91 X-11. ; G03 X-9. Y-9. R-9. ; G01 X20. ; Y-5. ; G90 X14. ; G91 G02 X-8. Y8. R8. ; G01 Y5. ; G00 X-10. M05 ; G40 Y-10. M09 ; G49 G00 Z150. ; M02 ;

4. 복합가공 (2)

(1) 도면

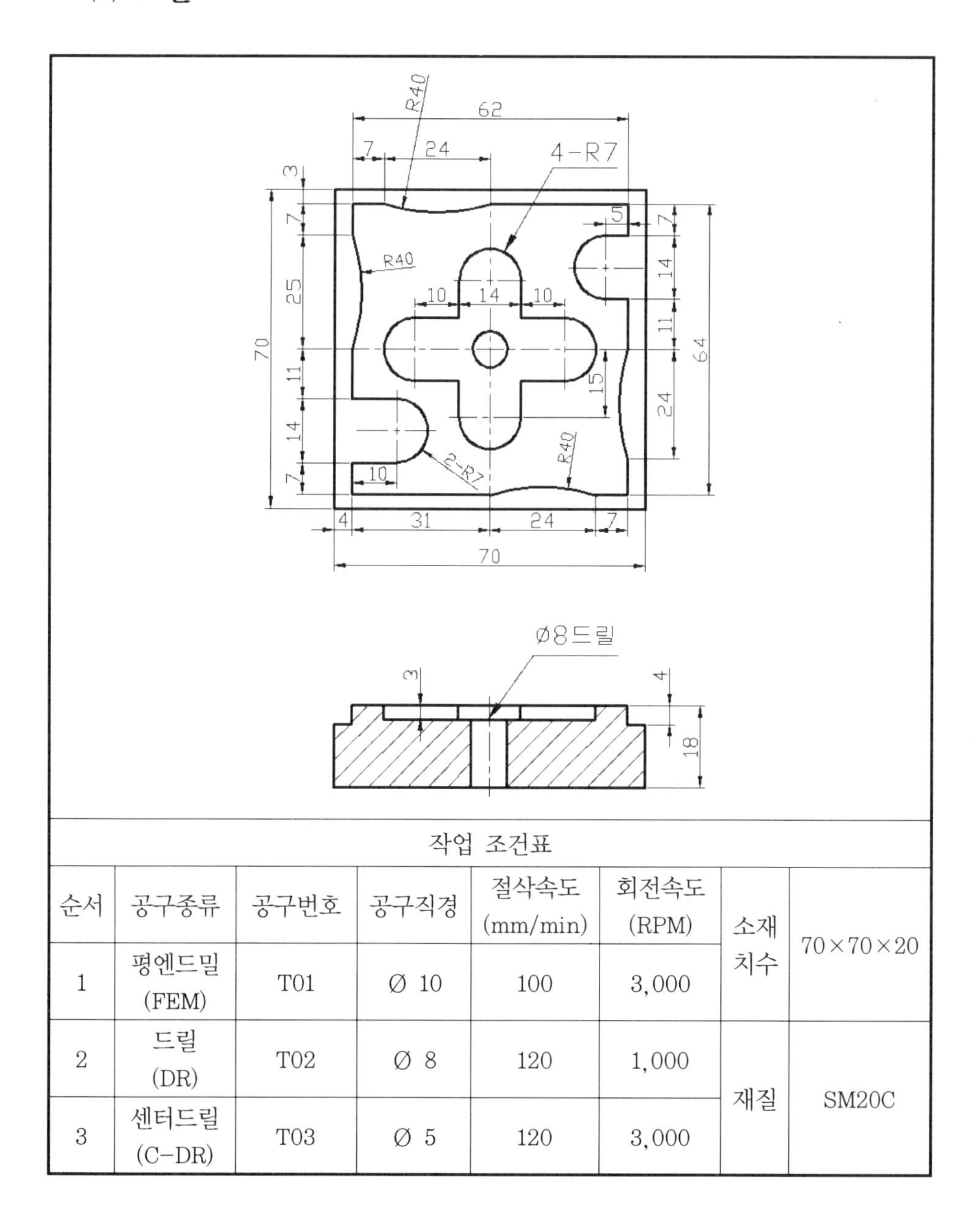

작업 조건표

순서	공구종류	공구번호	공구직경	절삭속도 (mm/min)	회전속도 (RPM)		
1	평엔드밀 (FEM)	T01	Ø 10	100	3,000	소재 치수	70×70×20
2	드릴 (DR)	T02	Ø 8	120	1,000	재질	SM20C
3	센터드릴 (C-DR)	T03	Ø 5	120	3,000		

(2) 프로그램

```
O0005 ;
G00 G40 G49 G80 ;
G28 G91 Z0. ;
G54 G90 X0. Y0. Z150. ;
G28 G91 Z0. ;
T03 M06 ;
G01 G90 X35. Y35. S3000 F500 M03 ;
G43 Z50. H03 ;
G81 G90 G98 Z-4. R20. F120 ;
G80 ;
G00 G49 Z150. ;
G28 G91 Z0. ;
T02 M06 ;
G01 G90 X35. Y35. S1000 F500 M03 ;
G43 Z50. H02 ;
G73 G90 G98 Z-25. Q4. R20. F120 ;
G80 ;
G00 G49 Z150. ;
G28 G91 Z0. ;
T01 M06 ;
G01 G90 X-10. Y-10.  S3000 F500
    M03 ;
G43 Z50. H01 ;
Z-4. F100 ;
G41 X4. D01 ;
Y67. ;
X66. ;
Y3. ;
X4. ;
Y10. ;
X14. ;
G03 Y24. R7. ;
G01 X4. ;
Y35. ;
G03 Y49. R40. ;
G01 Y67. ;
X11. ;
G03 X35. R40. ;
G01 X66. ;
Y60. ;
X61. ;
G03 Y46. R7. ;
G01 X66. ;
Y35. ;
G03 Y11. R40. ;
G01 Y3. ;
X59. ;
G03 X35. R40. ;
G01 X-10. ;
G40 ;
Z50. ;
X35. Y35. ;
Z-3. ;
G42 X59. D01 ;
G02 X52. Y28. R7. ;
G01 X42. ;
Y20. ;
G02 X28. R7. ;
G01 Y28. ;
X18. ;
G02 Y42. R7. ;
G01 X28. ;
Y50. ;
G02 X42. R7. ;
G01 Y42. ;
X52. ;
G02 Y28. R7. ;
G01 Z50. ;
G80 ;
G00 G49 Z150. M09 ;
M05 ;
M02 ;
```

5. 복합가공 (3)

(1) 도면

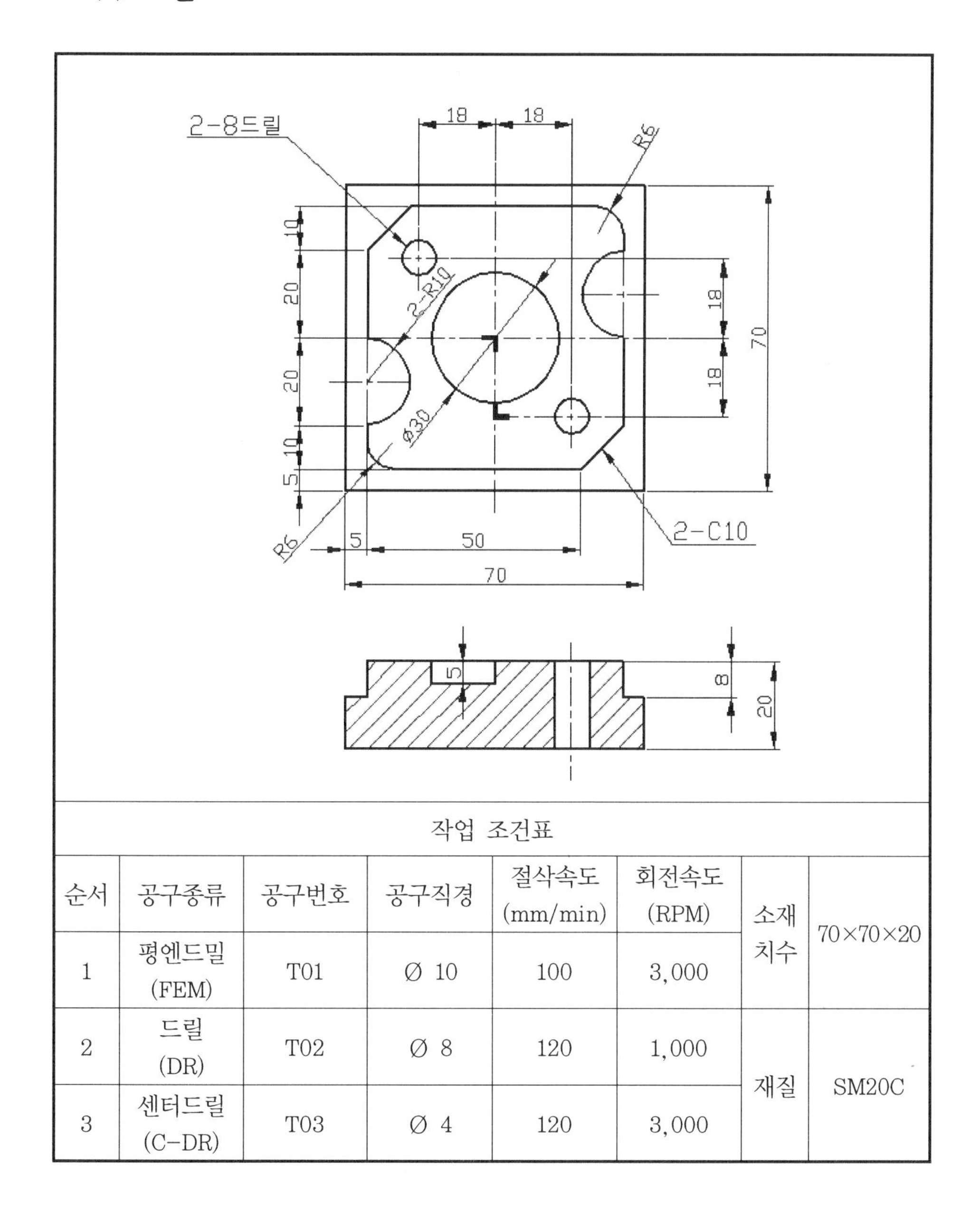

작업 조건표

순서	공구종류	공구번호	공구직경	절삭속도 (mm/min)	회전속도 (RPM)	소재 치수	70×70×20
1	평엔드밀 (FEM)	T01	Ø 10	100	3,000		
2	드릴 (DR)	T02	Ø 8	120	1,000	재질	SM20C
3	센터드릴 (C-DR)	T03	Ø 4	120	3,000		

(2) 프로그램

```
O0006
G00 G40 G49 G80 ;
G28 G91 X0. ;
G54 G90 X0. Y0. Z150. ;
G28 G91 Z0. ;
T03 M06 ;
G01 G90 X35. Y35. S3000 F500 M03 ;
G43 Z50. H03 ;
G81 G90 G98 Z-4. R20. F120 ;
X17. Y55. ;
X53. Y17. ;
G80 ;
G00 G49 Z150. ;
G28 G91 Z0. ;
T02 M06 ;
G01 G90 X35. Y35. S1000 F500 M03 ;
G43 Z50. H02 ;
G73 G90 G98 Z-5. Q4. R20. F120 ;
G01 G90 X17. Y55. S1000 F500 M03 ;
G73 G90 G98 Z-23. Q4. R20. F120 ;
X17. Y55. ;
X53. Y17. ;
G80 ;
G00 G49 Z150. ;
G28 G91 Z0. ;
T01 M06 ;
G01 G90 X-10. Y-10. S3000 F500
    M03 ;
G43 Z50. H01 ;
Z-8. F100 ;
G41 X5. D01 ;
Y65. ;
X65. ;
Y5. ;
X5. ;
Y15. ;
G03 Y35. R10. ;
G01 Y55. ;
X15. Y65. ;
X59. ;
G02 X65. Y59. R6. ;
G01 Y55. ;
G03 Y35. R10. ;
G01 Y15. ;
X55. Y5. ;
X11. ;
G02 X5. Y11. R6. ;
G01 Z50. ;
G40 ;
X35. Y35. ;
Z-5. ;
G42 X50. D01 ;
G02 I-15. J0. ;
G00 G40 G49 Z150. ;
G28 G91 Z0. ;
M05 ;
M02 ;
```

6. 복합가공 (4)

(1) 도면

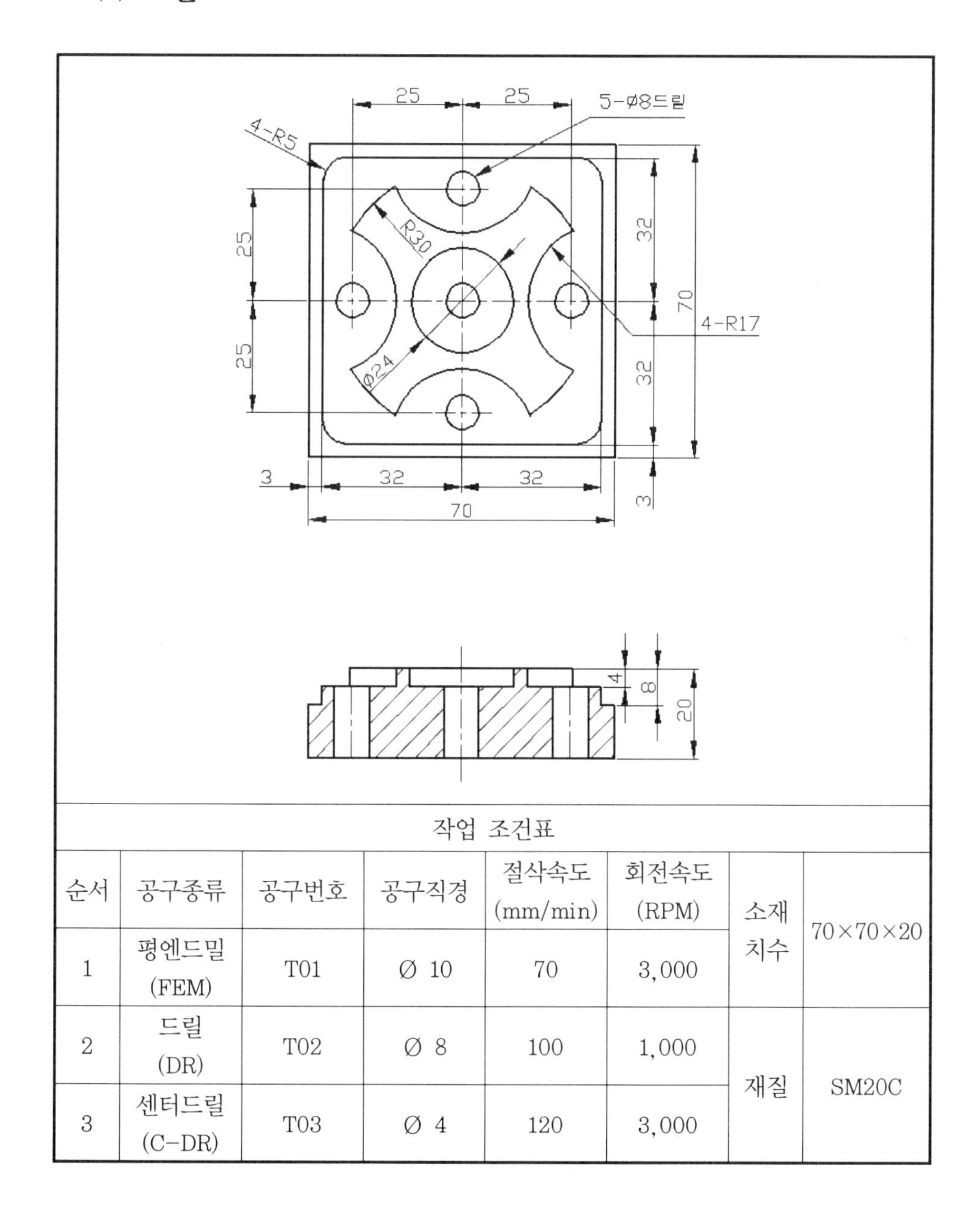

작업 조건표

순서	공구종류	공구번호	공구직경	절삭속도 (mm/min)	회전속도 (RPM)		
1	평엔드밀 (FEM)	T01	Ø 10	70	3,000	소재 치수	70×70×20
2	드릴 (DR)	T02	Ø 8	100	1,000	재질	SM20C
3	센터드릴 (C-DR)	T03	Ø 4	120	3,000		

(2) 프로그램

```
O0007
G80 G40 G49 ;
G91 G0 G28 Z0. ;
G28 X0. Y0. ;
T03 M06 ;
G90 G00 G54 X35. Y35.0 S3000 M03 ;
G90 G43 Z50. H03 ;
M08 ;
G81 Z-4.0 R5.0 F120 ;
G91 X25.0 ;
X-25. Y25. ;
X-25. Y-25. ;
X25. Y-25. ;
G80 ;
G00 G49 Z150. ;
M09 ;
G91 G28 Z0. ;
M05 ;

T02 M06 ;
G90 G00 G54 X35. Y35.0 S1000 M03 ;
G90 G43 Z50. H02 ;
M08 ;
G73 Z-25.0 R5.0 Q1.5 F100 ;
G91 X25.0 ;
X-25. Y25. ;
X-25. Y-25. ;
X25. Y-25. ;
G80 ;
G00 G49 Z150. ;
M09 ;
G91 G28 Z0. ;
M05 ;
T01 M06 ;
G90 G00 G54 X-10.Y0. S3000 M03 ;
G90 G43 Z50.H01 ;
Z-4.0 ;
G01 X4.0 ;
Y66. ;
X66. ;
Y4. ;
X-10. ;
G00 Z-8. ;
G41 G01 X3.D01 ;
Y62. ;
G02 X8. Y67. R5. ;
G01 X62. ;
G02 X67. Y62. R5. ;
G01 Y8. ;
G02 X62. Y3. R5. ;
G01 X8. ;
G02 X3. Y8. R5. ;
G01 Y10. ;
G40 G01 X-10. ;
G00 Z-4. ;
Y35. ;
G41 G01 X5. D01 ;
G02 X5. I30. J0. ;
G40 G01 X-10. ;
G00 Z5. ;
X35. Y35. ;
```

```
G01 Z-4.0 ;
G41 G01 X29. D01 ;
G03 X29. I6. J0. ;
G40 G01 X35. ;
G41 G01 X23. D01 ;

G03 X23. I12. J0. ;
G40 G01 X35.  ;
G00 Z5.0 ;
X35.Y3. ;
G01 Z-4.0 F70 ;
G41 G01 X43.5 D01 ;
G03 X43.5 I-8.5J0.0 ;
G40 G01 X35. ;
G41 G01 X52. Y3. D01 ;
G03 X18. Y3. R17. ;
G40 G01 X35. ;
G01 Z1.0 ;
G90 G00 Z5.0  ;
X67. Y35. ;

G01 Z-4.0 F70 ;
G41 G01 X67. Y43.5 D01 ;
G03 Y43.5 I0. J-8.5 ;
G40 G01 Y35. ;
G41 G01 X67. Y52. D01 ;
G03 X67. Y18. R17. ;
G40 G01 Y35. ;
G01 Z1.0 ;
G90 G00 Z5.0 ;
X35. Y67. ;
```

```
G01 Z-4.0 F70 ;
G41 G01 X26.5 Y67. D01 ;
G03 X26.5 Y67. I8.5 J0. ;
G40 G01 X35. ;
G41 G01 X18. Y67. D01 ;
G03 X52. Y67. R17. ;
G40 G01 X35. ;
G01 Z1.0 ;
G90 G00 Z5.0 ;
X3.Y35. ;

G01 Z-4.0 F70 ;
G41 G01 X3. Y26.5 D01 ;
G03 X3. Y26.5 I0. J8.5 ;
G40 G01 Y35. ;
G41 G01 X3. Y18. D01 ;
G03 X3. Y52. R17. ;
G40 G01 Y35. ;
G01 Z1.0 ;
G90 G00 Z5.0 ;
G00 G49 Z150. ;
G00 G28 Z0. ;
M05 ;
M02 ;
```

7. 복합가공 (5)

(1) 도면

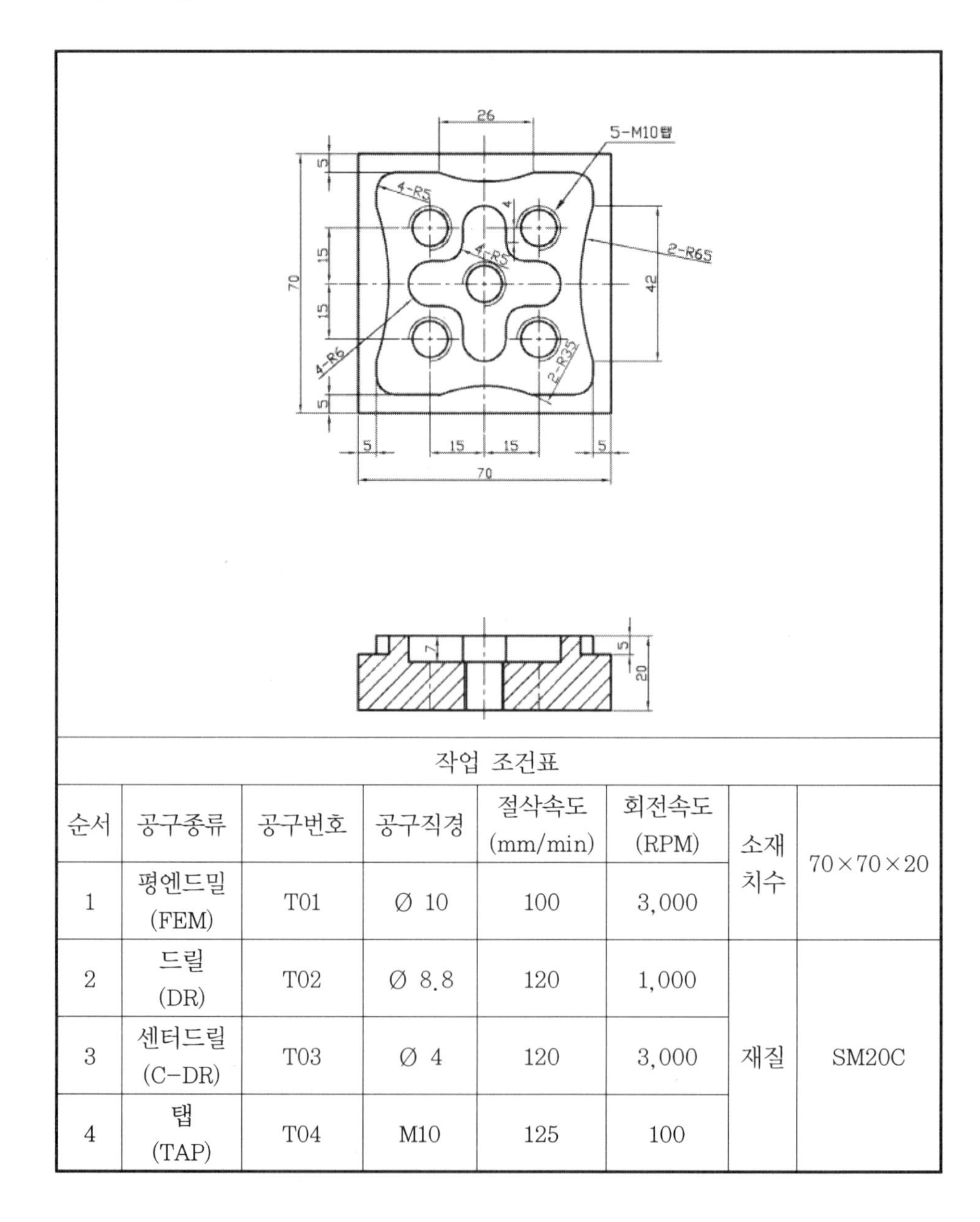

작업 조건표

순서	공구종류	공구번호	공구직경	절삭속도 (mm/min)	회전속도 (RPM)	소재치수	70×70×20
1	평엔드밀 (FEM)	T01	Ø 10	100	3,000		
2	드릴 (DR)	T02	Ø 8.8	120	1,000	재질	SM20C
3	센터드릴 (C-DR)	T03	Ø 4	120	3,000		
4	탭 (TAP)	T04	M10	125	100		

(2) 프로그램

```
O0008
G00 G40 G49 G80 ;
G28 G91 Z0. ;
G54 G90 X0. Y0. Z150. ;
G28 G91 Z0. ;
T03 M06 ;
G01 G90 X35. Y35. S3000 F500
    M03 ;
G43 Z50. H03 ;
G81 G90 G98 Z-4. R20. F120 ;
X20. Y20. ;
X20. Y50. ;
X50. Y50. ;
X50. Y20. ;
G80 ;
G00 G49 Z150. ;
G28 G91 Z0. ;
T02 M06 ;
G01 G90 X35. Y35. S1000 F500
    M03 ;
G43 Z50. H02 ;
G73 G90 G98 Z-23. Q4. R20.F120;
X20. Y20. ;
X20. Y50. ;
X50. Y50. ;
X50. Y20. ;
G80 ;
G00 G49 Z150. ;
G28 G91 Z0. ;
T01 M06 ;
G01 G90 X-10. Y-10.  S3000 F500
    M03 ;
G43 Z50. H01 ;
Z-5. F100 ;
G41 X5. D01 ;
Y65. ;
X65. ;
Y5. ;
X5. ;
Y14. ;
G03 Y56. R65. ;
G01 Y60. ;
G02 X10. Y65. R5. ;
G01 X22. ;
G03 X48. R35. ;
G01 X60. ;
G02 X65. Y60. R5. ;
G01 Y56. ;
G03 Y14. R65. ;
G01 Y10. ;
G02 X60. Y5. R5. ;
G01 X48. ;
G03 X22. R35.; ;
G01 X10. ;
G02 X5. Y10. R5. ;
G01 Z50. ;
G40 ;
X35. Y35. ;
Z-7. ;
G42X56. D01 ;
G02 X50. Y29. R6. ;
G01 X46. ;
G03 X41. Y24. R5. ;
G01 Y20. ;
G02 X29. R6. ;
G01 Y24. ;
G03 X24. Y29. R5 ;
G01 X20. ;
G02 Y41. R6. ;
G01 X24. ;
G03 X29. Y46. R5. ;
G01 Y50. ;
G02 X41. R6. ;
G01 Y46. ;

G03 X46. Y41. R5. ;
G01 X50. ;
G02 Y29. R6. ;
G01 Z50. ;
G00 G40 G49 Z150. ;
G28 G91 Z0. ;
T04 M06 ;
G01 G90 X35. Y35.
    S100 F500 M03 ;
G43 Z50. H04 ;
G84 G90 G98 Z-24.
    R20. F125 ;
X20. Y20. ;
X20. Y50. ;
X50. Y50. ;
X50. Y20. ;
G80 ;
G00 G49 Z150. M09 ;
M05 ;
M02 ;
```

8. 복합가공 (6)

(1) 도면

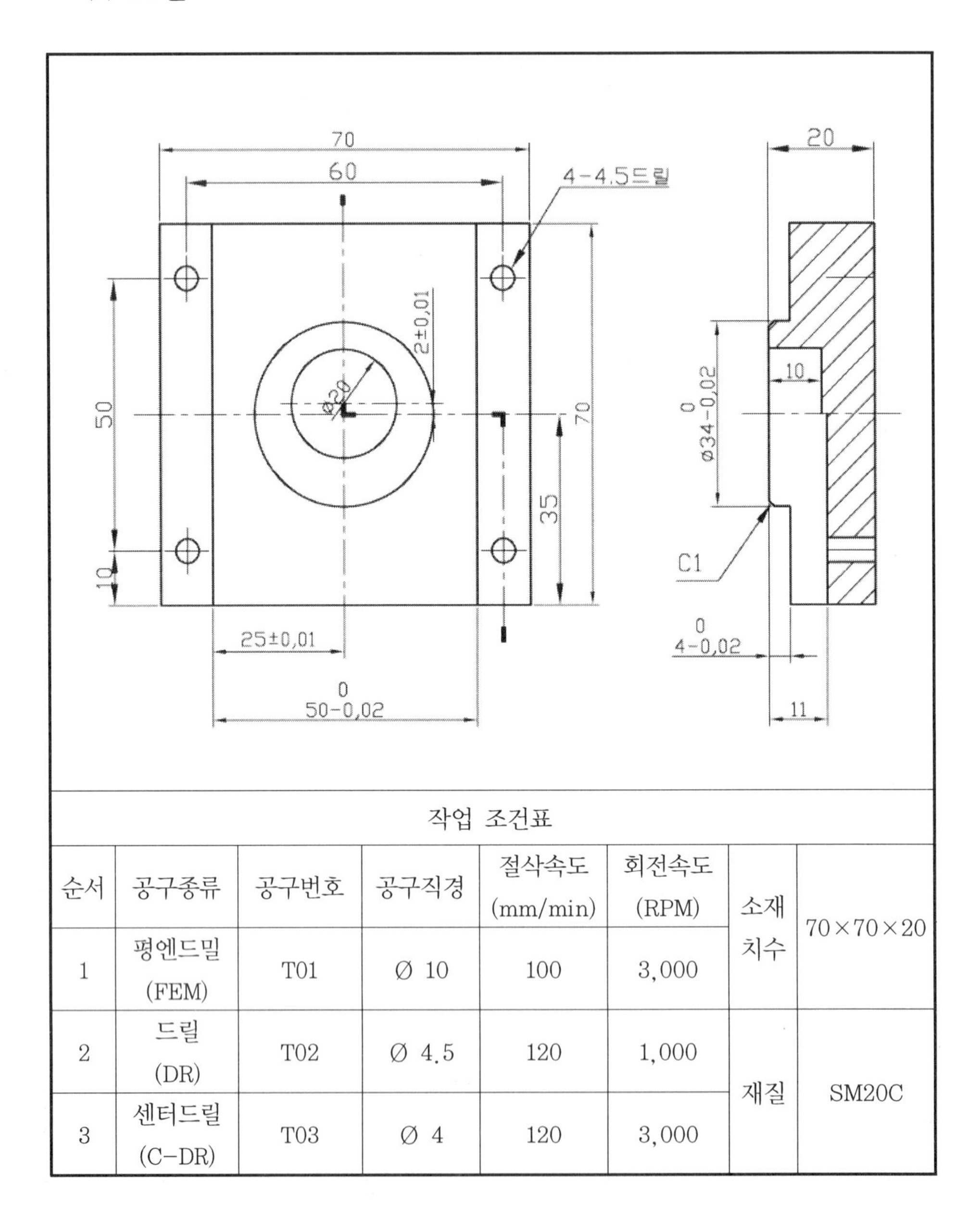

작업 조건표

순서	공구종류	공구번호	공구직경	절삭속도 (mm/min)	회전속도 (RPM)	소재 치수	70×70×20
1	평엔드밀 (FEM)	T01	Ø 10	100	3,000		
2	드릴 (DR)	T02	Ø 4.5	120	1,000	재질	SM20C
3	센터드릴 (C-DR)	T03	Ø 4	120	3,000		

(2) 프로그램

```
O0009
G00 G40 G49 G80 ;
G28 G91 X0. ;
G54 G90 X0. Y0. Z150. ;
G28 G91 Z0. ;
T03 M06 ;
G01 G90 X35. Y37. S3000 F500
    M03 ;
G43 Z50. H03 ;
G81 G90 G98 Z-4. R20. F120 ;
X5. Y10. ;
X5. Y60. ;
X65. Y60. ;
X65. Y10. ;
G80 ;
G00 G49 Z150. ;
G28 G91 Z0. ;
T02 M06 ;
G01 G90 X35. Y37. S1000 F500
    M03 ;
G43 Z50. H02 ;
G73 G90 G98 Z-10. Q4. R20. F120 ;
X5. Y10. Z-23. ;
X5. Y60. ;
X65. Y60. ;
X65. Y10. ;
G80 ;
G00 G49 Z150. ;
G28 G91 Z0. ;
T01 M06 ;
G01G90 X-10. Y-10.S3000 F500M03 ;
G43 Z50. H01
;
Z-11. F100 ;
G41 X5. D01 ;
Y75. ;
X65. ;
Y-5. ;
X10. ;
Y75. ;
X60. ;
Y-10. ;
Z-4. ;
X14. ;
Y65. ;
X56. ;
Y5. ;
X18. ;
Y60. ;
X52. ;
Y10. ;
X18. ;
Y56. ;
X52. ;
Y14. ;
X18. ;
Y52. ;
X52. ;
Y18. ;
Z5. ;
G40 ;
X35. Y37. ;
Z-5. ;
G42 X29. D01 ;
G02 X29. I6. J0. ;
G40 G01 X35. Y37. ;
G42 X25. D01 ;
G02 X25. I10. J0. ;
G01 G40 X35. Y37. ;
Z-10. ;
G42 X29. D01 ;
G02 X29. I6. J0. ;
G40 G01 X35. Y37. ;
G42 X25. D01 ;
G02 X25. I10. J0. ;
G01 G40 X35. Y37. ;
Z7. ;
X11. Y35. ;
Z-4. ;
G41G01 X18.D01 ;
G02 I17. J0. ;
G40 G01 X11. ;
G40 G49 Z50.  ;
G28 G91 Z0. ;
M05 ;
M02 ;
```

9. 복합가공 (7)

(1) 도면

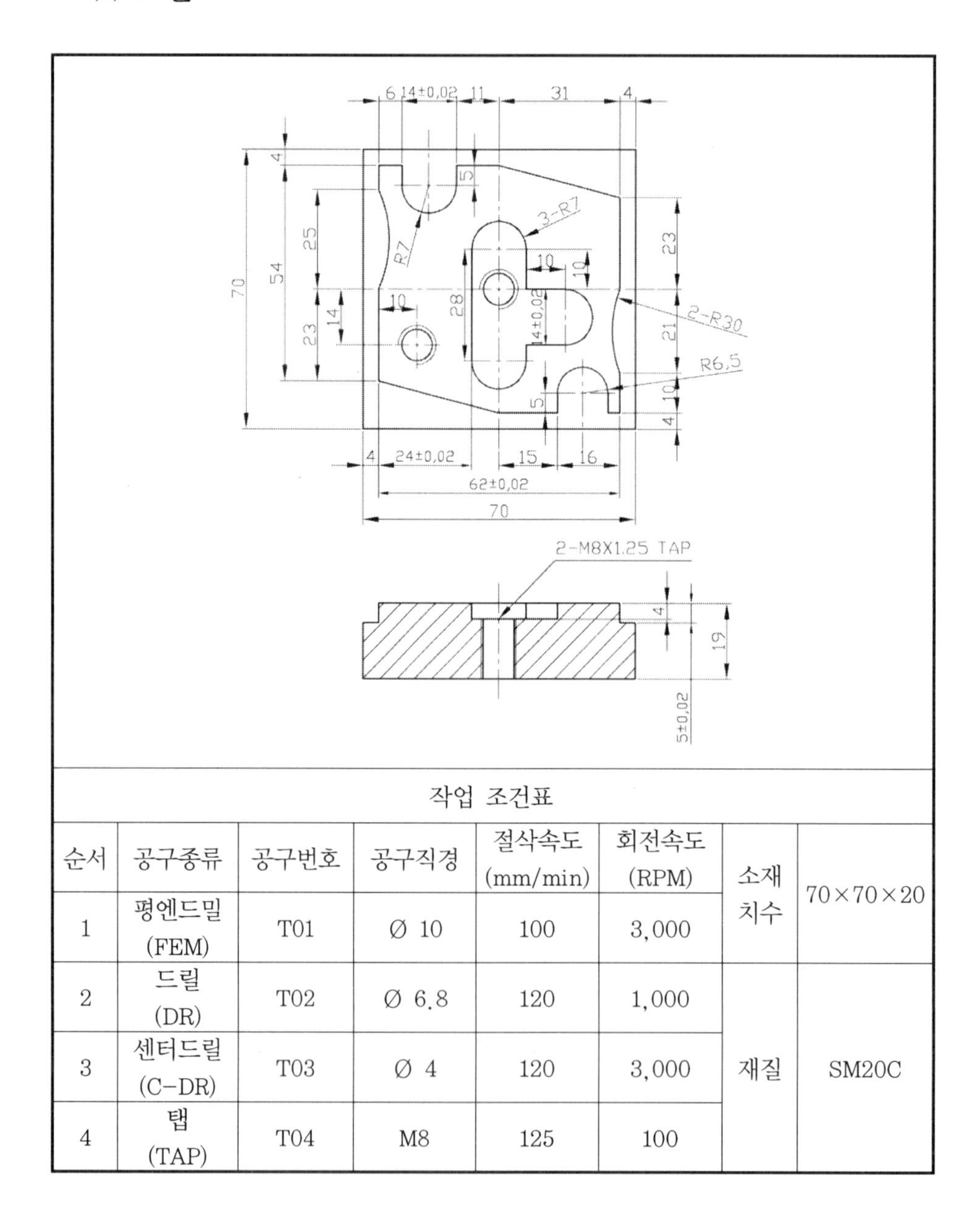

작업 조건표

순서	공구종류	공구번호	공구직경	절삭속도 (mm/min)	회전속도 (RPM)	소재 치수	70×70×20
1	평엔드밀 (FEM)	T01	Ø 10	100	3,000		
2	드릴 (DR)	T02	Ø 6.8	120	1,000	재질	SM20C
3	센터드릴 (C-DR)	T03	Ø 4	120	3,000		
4	탭 (TAP)	T04	M8	125	100		

(2) 프로그램

O0010 ; G00 G40 G49 G80 ; G28 G91 Z0. ; G54 G90 X0. Y0. Z150. ; G28 G91 Z0. ; T03 M06 ; G01 G90 X35. Y35. S3000 F500 M03 ; G43 Z50. H03 ; G81 G90 G98 Z-4.R20. F120 ; X14. Y21. ; G80 ; G00 G49 Z150. ; G28 G91 Z0. ; T02 M06 ; G01 G90 X35. Y35. S1000 F500 M03 ; G43 Z50. H02 ; G73 G90 G98 Z-24. Q4. R20. F120 ; X14. Y21. ; G80 ; G00 G49 Z150. ; G28 G91 Z0. ; T01 M06 ; G01 G90 X-10. Y-10. S3000 F500 ;M03 G43 Z50. H01 ; Z-5.F100 ; G41 X4. D01 ; Y66. ; X66. ; Y4. ; X4. ; Y35. ; G03 Y60. R30. ; G01 Y66. ; X10. ; Y61. ; G03 X24. R7. ;	G01 Y66. ; X35. ; X66. Y58. ; Y35. ; G03 Y14. R30. ; G01 Y4. ; X63. ; Y9. ; G03 X50. R6.5 ; G01 Y4. ; X35. ; X4. Y12. ; X-10. ; G40 ; Z50. ; X35. Y35. ; Z-4. ; G41 X42. D01 ; Y45. ; G03 X28. R7. ; G01 Y17. ; G03 X42. R7. ; G01 Y21. ; X52. ; G03 Y35. R7. ; G01 X35. ; Z50. ; G40 G49 Z150. ; G28 G91 Z0. ; T04 M06 ; G01 G90 X14. Y21. S100 F500 M03 ; G43 Z50. H04 ; G84 G90 G98 Z-24. R20. F125 ; X35. Y35. ; G80 ; G00 G49 Z150. M09 ; M05 ; M02 ;

10. 복합가공 (8)

(1) 도면

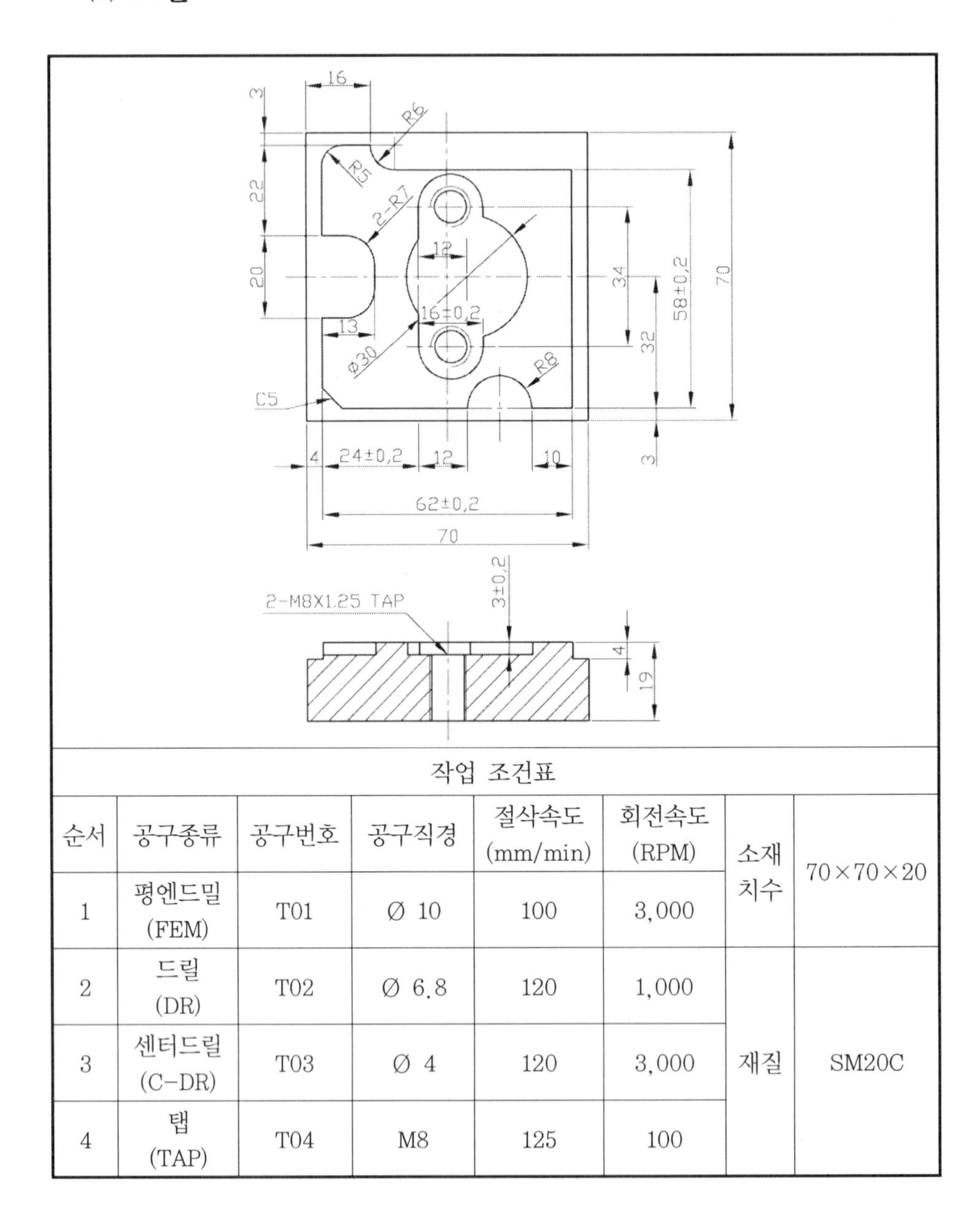

작업 조건표

순서	공구종류	공구번호	공구직경	절삭속도 (mm/min)	회전속도 (RPM)	소재 치수	70×70×20
1	평엔드밀 (FEM)	T01	Ø 10	100	3,000		
2	드릴 (DR)	T02	Ø 6.8	120	1,000	재질	SM20C
3	센터드릴 (C-DR)	T03	Ø 4	120	3,000		
4	탭 (TAP)	T04	M8	125	100		

(2) 프로그램

```
O0011
G00 G40 G49 G80 ;
G28 G91 X0. ;
G54 G90 X0. Y0. Z150. ;
G28 G91 Z0. ;
T03 M06 ;
G01 G90 X36. Y18. S3000 F500 M03 ;
G43 Z50. H03 ;
G81 G90 G98 Z-4. R20. F120 ;
Y52. ;
G80 ;
G00 G49 Z150. ;
G28 G91 Z0. ;
T02 M06 ;
G01 G90 X36. Y18. S1000 F500 M03 ;
G43 Z50. H02 ;
G73 G90 G98 Z-23. Q4. R20. F120 ;
Y52. ;
G80 ;
G00 G49 Z150. ;
G28 G91 Z0. ;
T01 M06 ;
G01 G90 X-10. Y-10. S3000 F500 M03 ;
G43 Z50. H01 ;
Z-4. F100 ;
G41 X4. D01 ;
Y67. ;
X66. ;
Y3. ;
X4. ;
Y25. ;
X10. ;
G03 X17. Y32. R7. ;
G01 Y38. ;
G03 X10. Y45. R7. ;
G01 X4. ;
Y62. ;
G02 X9. Y67. R5. ;
G01 X16. ;
G03 X22. Y61. R6. ;
G01 X66. ;
Y3. ;
X56. ;
G03 X40. R8. ;
G01 X9. ;
X4. Y8. ;
Z50. ;
G40 ;
X36. Y21. ;
Z-3. ;
G42 X44. D01 ;
G02 X28. R8. ;
G01 Y52. ;
G02 X44. R8. ;
G01 Y35. ;
X55. ;
G02 I-15. J0. ;
G01 Z50. ;
G80 ;
G00 G40 G49 Z150. ;
T04 M06 ;
G01 G90 X36. Y18.F500 M03 ;
G43 Z50. H04 ;
G84 G90 G98 Z-24. R20. F125 ;
Y52. ;
G80 ;
G00 G49 Z150. M09 ;
M05 ;
M02 ;
```

11. 복합가공 (9)

(1) 도면

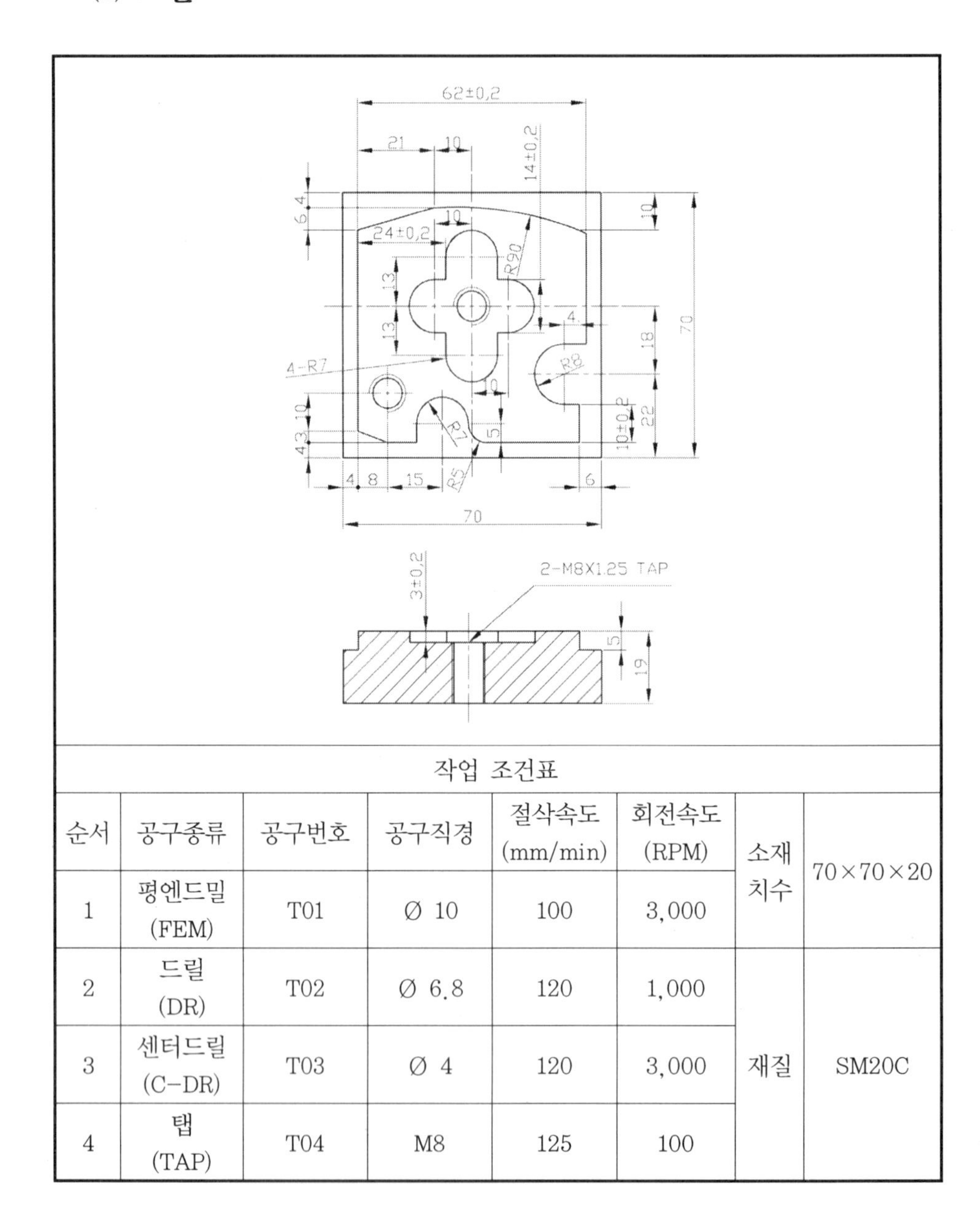

작업 조건표

순서	공구종류	공구번호	공구직경	절삭속도 (mm/min)	회전속도 (RPM)		
1	평엔드밀 (FEM)	T01	Ø 10	100	3,000	소재 치수	70×70×20
2	드릴 (DR)	T02	Ø 6.8	120	1,000	재질	SM20C
3	센터드릴 (C-DR)	T03	Ø 4	120	3,000		
4	탭 (TAP)	T04	M8	125	100		

(2) 프로그램

```
O0012
G00 G40 G49 G80 ;
G28 G91 X0. ;
G54 G90 X0. Y0. Z150. ;
G28 G91 Z0. ;
T03 M06 ;
G01 G90 X35. Y40. S3000 F500
     M03 ;
G43 Z50. H03 ;
G81 G90 G98 Z-4. R20. F120 ;
X12. Y17. ;
G80 ;
G00 G49 Z150. ;
G28 G91 Z0. ;
T02 M06 ;
G01 G90 X35. Y40. S1000 F500
     M03 ;
G43 Z50. H02 ;
G73 G90 G98 Z-23. Q4. R20. F120 ;
X12. Y17. ;
G80 ;
G00 G49 Z150. ;
G28 G91 Z0. ;
T01 M06 ;
G01 G90 X-10. Y-10. S3000 F500
     M03 ;
G43 Z50. H01 ;
Z-5. F100 ;
G41 X4. D01 ;
Y66. ;
X66. ;
Y4. ;
X4. ;
Y60. ;
X25. Y66. ;
X35. ;
G02 X66. Y60. R90. ;
G01 Y30. ;
X60. ;
G03 Y14. R8. ;
G01 X64. ;
Y4. ;
X39. ;
G02 X34. Y9. R5. ;
G03 X20. R7. ;
G01 Y4. ;
X12. ;
X4. Y7. ;
Z50. ;
G40 ;
X35. Y40. ;
Z-3. ;
G42 X52. D01 ;
G02 X45. Y33. R7. ;
G01 X42. ;
Y27. ;
G02 X28. R7. ;
G01 Y33. ;
X25. ;
G02 Y47. R7. ;
G01 X28. ;
Y53. ;
G02 X42. R7. ;
G01 Y47. ;
X45. ;
G02 Y33. R7. ;
G01 Z50. ;
G40 G49 Z150. ;
G28 G91 Z0. ;
T04 M06 ;
G01 G90 X35. Y40. S100 F500 M03 ;
G43 Z50. H04 ;
G84 G90 G98 Z-24. R20. F125 ;
X12. Y17. ;
G80 ;
G00 G49 Z150. M09 ;
M05 ;
M02 ;
```

12. 복합가공 (10)

(1) 도면

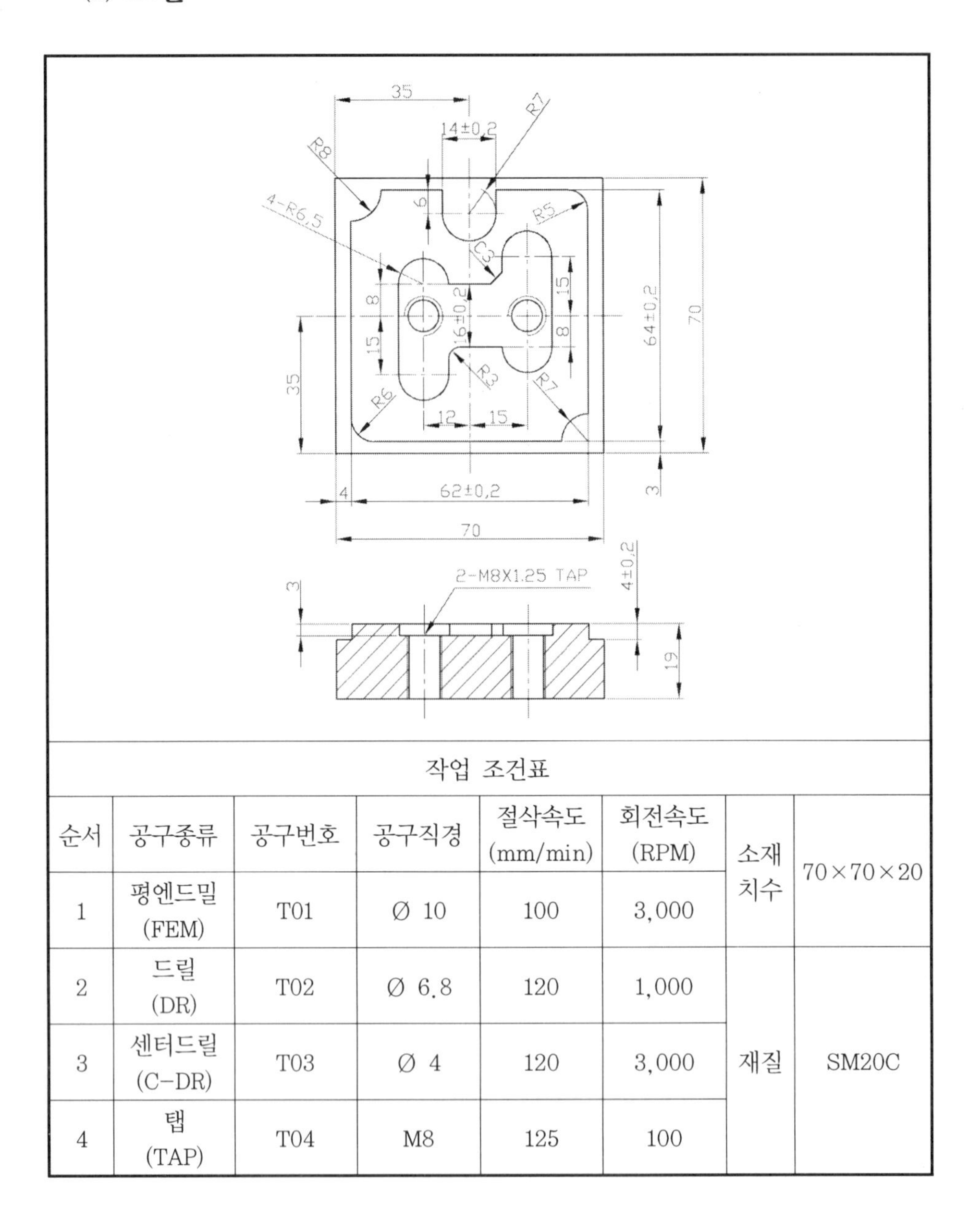

작업 조건표

순서	공구종류	공구번호	공구직경	절삭속도 (mm/min)	회전속도 (RPM)		
1	평엔드밀 (FEM)	T01	Ø 10	100	3,000	소재 치수	70×70×20
2	드릴 (DR)	T02	Ø 6.8	120	1,000	재질	SM20C
3	센터드릴 (C-DR)	T03	Ø 4	120	3,000		
4	탭 (TAP)	T04	M8	125	100		

(2) 프로그램

O0013 ; G00 G40 G49 G80 ; G28 G91 Z0. ; G54 G90 X0. Y0. Z150. ; G28 G91 Z0. ; T03 M06 ; G01 G90 X23. Y35. S3000 F500 M03 ; G43 Z50. H03 ; G81 G90 G98 Z-4.R20. F120 ; X50. Y35. ; G80 ; G00 G49 Z150. ; G28 G91 Z0. ; T02 M06 ; G01 G90 X23. Y35. S1000 F500 M03 ; G43 Z50. H02 ; G73 G90 G98 Z-24. Q4. R20. F120 ; X50. Y35. ; G80 ; G00 G49 Z150. ; G28 G91 Z0. ; T01 M06 ; G01 G90 X-10. Y-10. S3000 F500 M03 ; G43 Z50. H01 ; Z-4.F100 ; G41 X4. D01 ; Y67. ; X66. ; Y3. ; X4. ; Y59. ; G03 X12. Y67. R8. ; G01 X28. ; Y61. ; G03 X42. R7. ;	G01 Y67. ; X61. ; G02 X66. Y62. R5. ; G01 Y10. ; G03 X59. Y3. R7. ; G01 X10. ; G02 X4. Y9. R6. ; G01 Z50. ; G40 ; X50.Y35. ; Z-3. ; G41 X56.5 D01 ; Y50. ; G03 X43.5 R6.5 ; G01 Y46. ; X40.5 Y43. ; X29.5 ; G03 X16.5 R6.5 ; G01 Y20. ; G03 X29.5 R6.5 ; G01 Y24. ; G02 X32.5 Y27. R3. ; G01 X43.5 ; G03 X56.5 R6.5 ; G01 Y35. ; Z50. ; G40 G49 Z150. ; G28 G91 Z0. ; T04 M06 ; G01 G90 X23. Y35. S100 F500 M03 ; G43 Z50. H04 ; G84 G90 G98 Z-24. R20. F125 ; X50. Y35. ; G80 ; G00 G49 Z150. M09 ; M05 ; M02 ;

13. 복합가공 (11)

(1) 도면

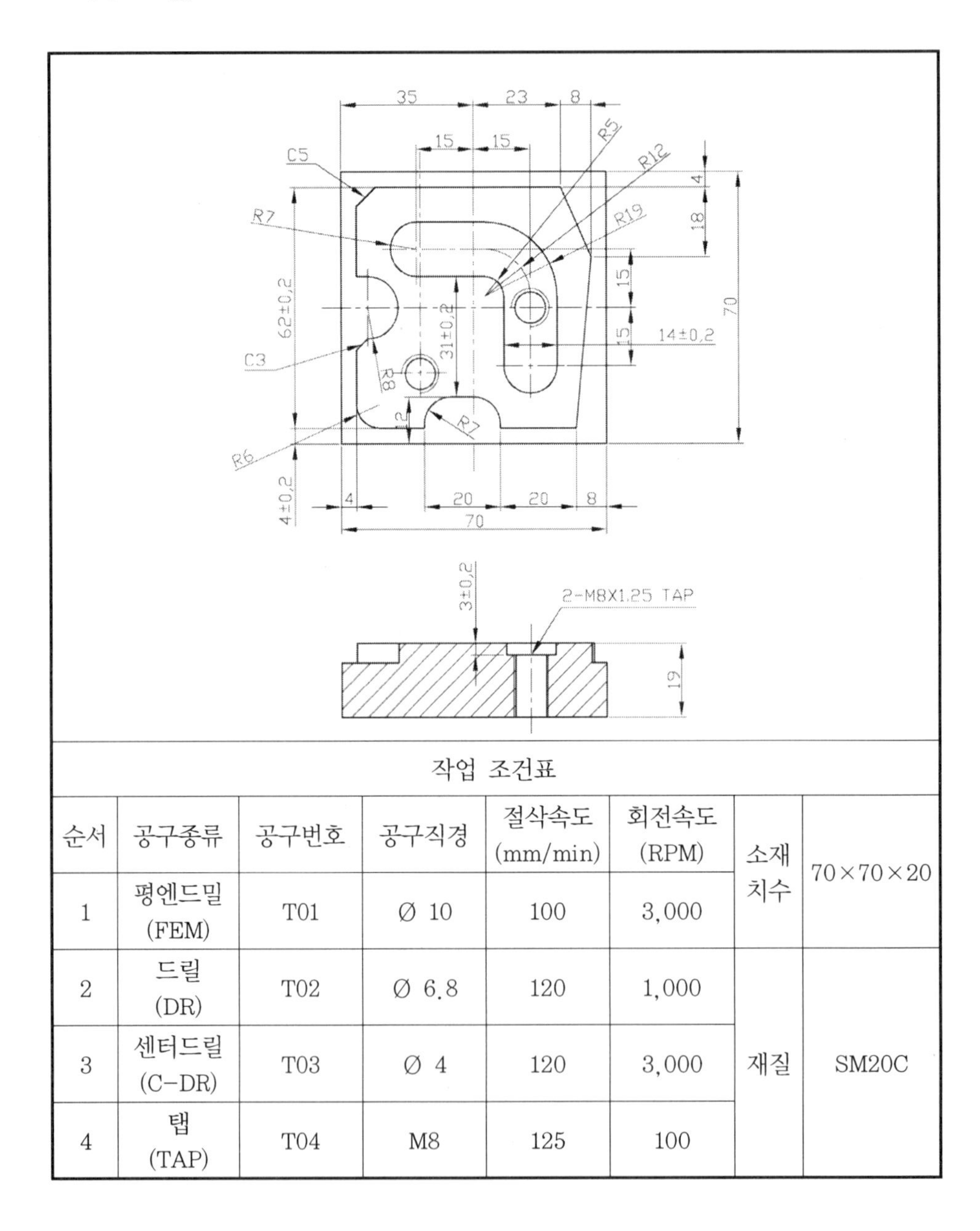

작업 조건표

순서	공구종류	공구번호	공구직경	절삭속도 (mm/min)	회전속도 (RPM)	소재 치수	70×70×20
1	평엔드밀 (FEM)	T01	Ø 10	100	3,000		
2	드릴 (DR)	T02	Ø 6.8	120	1,000	재질	SM20C
3	센터드릴 (C-DR)	T03	Ø 4	120	3,000		
4	탭 (TAP)	T04	M8	125	100		

(2) 프로그램

```
O0014 ;
G00 G40 G49 G80 ;
G28 G91 X0. ;
G54 G90 X0. Y0. Z150. ;
G28 G91 Z0. ;
T03 M06 ;
G01 G90 X21. Y17. S3000 F500 M03;
G43 Z50. H03 ;
G81 G90 G98 Z-4. R20. F120 ;
X50. Y35. ;
G80 ;
G00 G49 Z150. ;
G28 G91 Z0. ;
T02 M06 ;
G01 G90 X21. Y17. S1000 F500 M03;
G43 Z50. H02 ;
G73 G90 G98 Z-23. Q4. R20. F120 ;
X50. Y35. ;
G80 ;
G00 G49 Z150. ;
G28 G91 Z0. ;
T01 M06 ;
G01 G90 X-10. Y-10. S3000 F500 M03;
G43 Z50. H01 ;
Z-5. F100 ;
G41 X4. D01 ;
Y66. ;
X66. ;
Y4. ;
X4. ;
Y24. ;
X7. Y27. ;
G03 Y43. R8. ;
G01 X4. ;
Y61. ;
X9. Y66. ;
X58. ;
X66. Y48. ;
X62. Y4. ;
X42. ;
G03 X35. Y11. R7.;
G01 X28. ;
G03 X21. Y4. R7.;
G01 X10. ;
G02 X4. Y10. R6.;
G01 Z50. ;
G40 ;
X50. Y35. ;
Z-3. ;
G42 X57. D01 ;
Y20. ;
G02 X43. R7.;
G01 Y38. ;
G03 X38. Y43. R5.;
G01 X20. ;
G02 Y57. R7.;
G01 X38. ;
G02 X57. Y42. R19.;
G01 Y35. ;
G40 G49 Z50.  ;
G28 G91 Z0. ;
T04 M06 ;
G01 G90 X21. Y17. S100 F500 M03;
G43 Z50. H04 ;
G84 G90 G98 Z-24. R20. F125 ;
X50. Y35. ;
G80 ;
G00 G49 Z150. M09 ;
M05 ;
M02 ;
```

저자 신일재

| 학력 및 자격 |

- 영남대학교 산업대학원 기계공학석사
- 금형제작 기능장
- 컴퓨터응용가공 산업기사
- 프레스금형 산업기사

| 주요경력 |

- 한독부산직업훈련원
- 포항직업전문학교
- 김천직업전문학교
- 한국폴리텍대학 김천캠퍼스
- 한국폴리텍대학 아산캠퍼스

CNC선반/머시닝센터 가공법
(V-CNC와 FANUC 콘트롤러를 활용한 기초부터 자동운전까지)

초판인쇄 2016년 01월 06일
초판발행 2016년 01월 11일

지은이 | 신일재
펴낸이 | 노소영
펴낸곳 | 도서출판월송

등록번호 | 제25100-2010-000012
전화 | 031)855-7995
팩스 | 031)855-7996
주소 | 경기도 양주시 장흥면 호국로 100번길

www.wolsong.co.kr
http://blog.naver.com/wolsongbook

ISBN | 978-89-97265-62-6 (93550)

정가 12,000원